普通高等教育"十三五"规划教材

大学计算机基础实践教程

（Windows 7+Office 2010）

主　编　铁新城

副主编　黎　琼　方大良　李　华

中国水利水电出版社
www.waterpub.com.cn

·北京·

内 容 提 要

本书是与铁新城、林荣新主编的《大学计算机基础》配套的实践教材。全书共分 6 章，内容包括计算机基础实验、Windows 7 操作系统实验、网络基础与 Internet 应用实验、Word 文字处理实验、Excel 电子表格实验和 PowerPoint 演示文稿实验。本着从零起点做起、注重基本操作的原则，作者精心设计了基本操作、实验案例和拓展实训等环节，以求循序渐进地引导读者掌握相关的知识和技能，同时也能满足读者在知识层次方面的不同需求。

本书可作为本科及大专院校各类专业的计算机基础课、通识课的实践教材，也可作为各种计算机技术的培训教材，还可作为办公自动化人员及计算机爱好者的自学用书。

本书配有实验素材，读者可以从中国水利水电出版社网站以及万水书苑免费下载，网址为：http://www.waterpub.com.cn/softdown/或 http://www.wsbookshow.com。

图书在版编目（C I P）数据

大学计算机基础实践教程 ：Windows 7+Office 2010/
铁新城主编. -- 北京 ：中国水利水电出版社，2018.7（2020.7 重印）
普通高等教育"十三五"规划教材
ISBN 978-7-5170-6572-2

Ⅰ．①大… Ⅱ．①铁… Ⅲ．①Windows操作系统—高
等学校—教材②办公自动化—应用软件—高等学校—教材
Ⅳ．①TP316.7②TP317.1

中国版本图书馆CIP数据核字(2018)第140563号

策划编辑：陈红华　　责任编辑：封　裕　　加工编辑：赵佳琦　　封面设计：李　佳

书　名	普通高等教育"十三五"规划教材 **大学计算机基础实践教程（Windows 7+Office 2010）** DAXUE JISUANJI JICHU SHIJIAN JIAOCHENG（Windows 7+Office 2010）	
作　者	主　编　铁新城 副主编　黎　琼　方大良　李　华	
出版发行	中国水利水电出版社 （北京市海淀区玉渊潭南路 1 号 D 座　100038） 网址：www.waterpub.com.cn E-mail：mchannel@263.net（万水） 　　　　sales@waterpub.com.cn 电话：（010）68367658（营销中心）、82562819（万水）	
经　售	全国各地新华书店和相关出版物销售网点	
排　版	北京万水电子信息有限公司	
印　刷	三河市铭浩彩色印装有限公司	
规　格	184mm×260mm　16 开本　11 印张　267 千字	
版　次	2018 年 7 月第 1 版　2020 年 7 月第 3 次印刷	
印　数	11001—14000 册	
定　价	26.00 元	

凡购买我社图书，如有缺页、倒页、脱页的，本社营销中心负责调换

前　　言

当今社会计算机技术在各行各业都得到了极大的普及和发展，计算机在各领域的应用给人们的工作、学习和生活方式带来深刻的变革。因此，掌握计算机知识和技术，提高计算机应用能力，就成为培养高素质应用型人才的重要组成部分。"大学计算机基础"作为大学计算机的入门教育课程，具有极强的实践性，要求读者在掌握计算机的基本理论和知识的基础上，强化计算机的应用技能，尤其是操作系统和办公软件的操作技能。

本书是与铁新城、林荣新主编的《大学计算机基础》配套的实践教材，旨在加强实践方面的教学，使读者通过在实践中学习和训练，深化对计算基础知识和基本应用的理解，掌握办公自动化应用技术，提高动手能力和运用计算机知识与技术解决实际问题的能力，为今后的学习和工作积累知识和经验，也为进一步学习计算机方面的后续课程奠定基础。

本书既有一定的知识介绍，也精心设计了大量的实践内容，涵盖了教学大纲所要求掌握的范围。知识点包括计算机基础实验、Windows 7 操作系统实验、网络基础与 Internet 应用实验、Word 文字处理实验、Excel 电子表格实验和 PowerPoint 演示文稿实验 6 个部分。在教学设计上，首先安排较简单的基本操作实验，其次安排中等难度的实验案例，最后是难度较大的拓展实训。由此，通过循序渐进的方式引导和培养读者掌握相关的知识和技能，提高分析问题和解决问题的能力，并培养一定的创新能力。

参加本书编写的作者都是长年在教学一线讲授计算机基础课的老师，有着丰富的教学与实践经验。本书在编写过程中采用案例教学的理念精心组织教材内容，从零起点做起，注重基本操作，力求语言精练、内容实用、图文并茂，操作步骤详细、易懂。因此，本书既适合教学，也适合读者自学。

本书由铁新城任主编，黎琼、方大良、李华任副主编。其中第 1、2、4 章由铁新城编写，第 3 章由李华编写，第 5 章由黎琼编写，第 6 章由方大良编写。在编写过程中，参考了有关计算机基础教学及实验的一些书籍资料，在此表示诚挚的感谢。同时也感谢中国水利水电出版社为本书的出版发行所做的工作。

由于时间仓促及作者水平有限，书中难免有错误和不妥之处，恳请读者批评指正。

编　者
2018 年 4 月

目　　录

前言

第1章　计算机基础实验 ……………………… 1
　　1.1　基本操作 ………………………………… 1
　　　　基本操作1　认识计算机硬件组成 ………… 1
　　　　基本操作2　认识鼠标、键盘 …………… 2
　　1.2　实验案例 ………………………………… 6
　　　　实验1　打字指法练习 …………………… 6
　　　　实验2　计算机硬件故障诊断和排除 …… 9
　　　　实验3　计算机软件故障诊断和排除 …… 11
第2章　Windows 7 操作系统实验 ……………… 15
　　2.1　基本操作 ………………………………… 15
　　　　基本操作1　设置桌面主题 ……………… 15
　　　　基本操作2　设置屏幕保护程序 ………… 16
　　　　基本操作3　添加桌面小工具 …………… 18
　　　　基本操作4　设置"开始"菜单的项目 … 19
　　　　基本操作5　为中文输入法设置热键 …… 20
　　2.2　实验案例 ………………………………… 22
　　　　实验1　新建文件和文件夹 ……………… 22
　　　　实验2　文件和文件夹的移动与复制 …… 24
　　　　实验3　重命名与删除操作 ……………… 25
　　　　实验4　创建快捷方式与锁定到任务栏 … 26
　　　　实验5　搜索文件与文件夹 ……………… 29
　　　　实验6　压缩与解压缩 …………………… 31
　　2.3　拓展实训 ………………………………… 34
　　　　实训1　应用软件的安装 ………………… 34
　　　　实训2　应用软件的卸载 ………………… 37
第3章　网络基础与 Internet 应用实验 ………… 39
　　3.1　基本操作 ………………………………… 39
　　　　基本操作1　局域网的相关设置 ………… 39
　　　　基本操作2　搜索引擎的使用 …………… 40
　　3.2　实验案例 ………………………………… 42
　　　　实验1　IE 浏览器的基本使用 …………… 42
　　　　实验2　电子邮件的申请与使用 ………… 46
　　　　实验3　FTP 文件下载 …………………… 50

　　3.3　拓展实训 ………………………………… 51
　　　　实训1　检索期刊文献 …………………… 51
　　　　实训2　搜索制订旅游计划书 …………… 52
第4章　Word 文字处理实验 …………………… 55
　　4.1　基本操作 ………………………………… 55
　　　　基本操作1　用模板创建文档 …………… 55
　　　　基本操作2　移动、复制和删除操作 …… 57
　　　　基本操作3　插入特殊符号和插入公式 … 59
　　　　基本操作4　插入分隔符 ………………… 61
　　　　基本操作5　边框与底纹 ………………… 62
　　　　基本操作6　应用"样式" ……………… 64
　　4.2　实验案例 ………………………………… 65
　　　　实验1　文字的基本编辑 ………………… 65
　　　　实验2　插入项目符号和编号 …………… 68
　　　　实验3　插入多级列表 …………………… 71
　　　　实验4　分栏排版 ………………………… 73
　　　　实验5　修订与批注 ……………………… 74
　　　　实验6　插入书签和超链接 ……………… 76
　　　　实验7　插入表格 ………………………… 78
　　　　实验8　表格中使用公式 ………………… 80
　　　　实验9　插入与设置图片 ………………… 83
　　　　实验10　插入剪贴画和 SmartArt 图形 … 84
　　　　实验11　插入图表 ………………………… 87
　　　　实验12　插入文件和对象 ……………… 89
　　　　实验13　页眉与页脚设置 ……………… 91
　　　　实验14　页面格式化设置 ……………… 93
　　　　实验15　插入目录 ……………………… 95
　　　　实验16　插入文本框和艺术字 ………… 97
　　4.3　拓展实训 ………………………………… 99
　　　　实训1　邮件合并应用 …………………… 99
　　　　实训2　毕业论文的排版 ……………… 102
第5章　Excel 电子表格实验 ………………… 111
　　5.1　基本操作 ……………………………… 111

基本操作 1　用模板创建文档……………111
基本操作 2　工作表的基本操作………113
基本操作 3　数据输入………………115
基本操作 4　工作表格式化…………116
基本操作 5　条件格式………………120
5.2　实验案例………………………123
实验 1　公式与函数操作 1…………123
实验 2　公式与函数操作 2…………126
实验 3　图表制作……………………130
实验 4　排序、分类汇总……………133
实验 5　数据筛选……………………135
实验 6　数据透视表和合并计算………138
实验 7　数据有效性和模拟运算表……141
5.3　拓展实训………………………143
实训　综合练习 销售情况统计分析表……143

第 6 章　PowerPoint 演示文稿实验……………147
6.1　基本操作………………………147
基本操作 1　使用样本模板建立演示文稿……147
基本操作 2　幻灯片的基本操作………149
基本操作 3　文字和段落的格式操作……150
基本操作 4　幻灯片美化操作…………152
基本操作 5　将演示文稿打包成 CD………153
6.2　实验案例………………………154
实验 1　在幻灯片中插入各种对象………154
实验 2　母版的编辑…………………157
实验 3　幻灯片切换和动画效果………158
实验 4　设置超链接和动作……………160
6.3　拓展实训………………………163
实训　自我介绍演示文稿………………163
参考文献………………………………168

第 1 章　计算机基础实验

本章从零基础、零起点开始，循序渐进，一步一步地学习计算机的基础知识和基本操作，使读者能够了解与掌握计算机的主要概念和基本组成、鼠标和键盘的操作、正确的打字姿势和打字指法、计算机的常见软硬件故障诊断和排除方法等。

1.1　基本操作

基本操作 1　认识计算机硬件组成

【实验目的】

1. 了解台式计算机的组成与结构。
2. 认识台式计算机中的 CPU、主板、内存条、硬盘、显卡、电源等物理设备。
3. 掌握拆开和安装台式计算机主机箱的初步方法，掌握清洁内存条等的方法。

【实验内容】

（1）在老师的指导下，查看台式计算机主机箱内部的硬件组成，认识主板、CPU、内存条、硬盘、光驱、显卡、网卡、电源等计算机硬件设备。

（2）掌握更换和清洁内存条、更换网卡等的操作方法。

（3）了解计算机维护的基本知识和操作要求。

【实验步骤】

（1）拆开机箱。

在老师的指导下，拆开台式计算机的主机箱，以观察其内部组成，如图 1-1 所示。注意拆开的正确顺序：首先要完全切断电源，拔出所有的外部接线；然后用工具拆开机箱的挡板。必要时可将机箱放平，开口向上。

图 1-1　台式计算机主机箱内部组成

（2）认识机箱内部的硬件组成。

通常台式计算机主机箱内部包含主板、电源、硬盘、光驱、风扇等设备，而在主板上集成有 CPU、内存条、BIOS 芯片、显卡、串行通信接口、CMOS 电池等硬件。有些计算机还在主板上插有声卡、网卡、多功能卡等设备，而另外一些计算机中的显卡、网卡则集成在主板上，可通过其在主机箱后面的接口来识别。

（3）识别主板的型号。

仔细观察主板上的字符标识，识别主板的型号。观察机箱后面的各种接口形状并识别与之对应的内部设备，了解各接口的功能和作用。

（4）识别内存条。

在老师的指导下，小心仔细地按正确步骤拨出内存条，识别其内存容量，将金属面用橡皮擦拭干净，再小心翼翼地按正确步骤插回内存卡槽位置。

（5）插拔网卡（或显卡）。

在老师的指导下，按正确方式拔出网卡（或显卡），识别其型号标识，清洁其金属面，再按正确方式插入到其原来的卡槽位置。

（6）开机观察。

在没有装好机箱侧板的情况下，连接好主机与显示器、鼠标、键盘、外部电源之间的接线，开机观察机箱内部的工作状态。如果开机不正常，一定要关机切断电源后，再去检查内存条、显卡、鼠标、键盘等设备是否插好，然后再开机重试。

（7）恢复主机。

计算机正确关机后，切断电源，装好机箱盖，连接好所有与其他外设的接线，重新开机。如果开机不正常，则返回步骤（6）重试。

【说明】

操作时，一定要注意以下事项：

（1）插拔机箱内部的组件、非 USB 接口的鼠标或键盘时，一定要先断电后操作，否则容易损坏硬件设备。

（2）切勿湿手或脏手操作，必要时可戴防静电手套操作。

（3）注意螺丝等小部件在拆卸后按操作规范收纳好，以便安装时依次装回原位置。

基本操作 2 认识鼠标、键盘

【实验目的】

1. 掌握鼠标的操作方法。

2. 了解键盘的结构和键位分布。

3. 掌握键盘上各个键的功能和作用。

【实验内容】

（1）了解鼠标的结构，掌握其正确的操作方法。

（2）了解键盘的结构和各主要按键的分布及作用，掌握击键的操作方法。

（3）掌握正确的打字姿势，通过训练提高打字的速度和质量。

【实验步骤】

（1）认识鼠标。

Windows 的绝大部分操作是基于鼠标来设计的，因此在学习 Windows 之前就应首先学会使用鼠标。掌握了鼠标的使用，就能够使工作变得轻松易做，从而提高工作效率。而且鼠标的操作也很简单。

绝大多数人习惯用右手操作鼠标，故这里也以右手操作为例，介绍鼠标的操作和使用。

1）观察鼠标。

仔细观察鼠标的结构，认识鼠标的左键、右键和滚轮，如图 1-2 所示。分别进行鼠标的指向、单击、双击、右击、拖动、滚轮滚动等操作，认识各种操作的特点和应用场合。

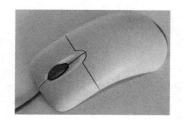

图 1-2　常见的鼠标外形及鼠标前端特写

2）握鼠标的基本姿势。

手握鼠标，不要太紧，就像把手放在自己的膝盖上一样，使鼠标的后半部分恰好握在右手手掌下，食指和中指分别轻放在左右按键上，拇指和无名指轻夹两侧，右手小指也贴在鼠标右侧。

3）用鼠标移动光标。

在鼠标垫上主要依靠右手的大拇指和小指用力来移动鼠标，可看到在显示屏上的鼠标光标也在跟着移动。光标移动的距离取决于鼠标移动的距离，因此我们可以通过移动鼠标来控制屏幕上光标的位置。当然，光标到达屏幕边缘时，就不能再往屏幕外移动了。

如果鼠标已经移到鼠标垫的边缘，而光标仍没有达到预定的位置，只需要拿起鼠标放回鼠标垫中心，再向预定位置的方向移动鼠标，这样反复移动即可达到目标位置。

4）鼠标单击动作。

用食指快速地按一下鼠标左键，马上松开，就是一次单击操作。还有一种单击是用中指单击鼠标右键，称为"右键单击"。第三种单击是用食指快速单击鼠标中间的滚轮，其作用相当于"中键单击"，在有些软件（如 Microsoft Word）中有此功能定义。

5）鼠标双击动作。

不要移动鼠标，用食指快速地按两下鼠标左键，马上松开，注意中间间隔的时间不要太长。如果中间间隔时间过长，就变成两次单击操作了。初次使用鼠标的人要多练习双击动作，注意掌握好节奏。

6）鼠标拖动动作。

先移动光标到选定对象，按下左键不要松开，通过移动鼠标将对象移到预定位置，然后松开左键，这一操作称为拖动。拖动的主要功能常常是将一个对象由一处移动（或复制）到另一处，具体功能由应用程序来定义。

7）鼠标中间滚轮的作用。

在浏览器及包括 Microsoft Office 在内的多数编辑环境中，用手指滚动滚轮使之前后转动，可对内容向前或向后进行浏览，相当于用鼠标单击纵向滚动条的上下小黑三角的作用。这种方法免去了移动鼠标和单击滚动条之苦，非常直观易用。

此外，在浏览器及许多编辑器（例如 Microsoft Word）中，单击鼠标滚轮，随着"嗒"的一声，会在编辑窗口中出现一个黑色的上下双向箭头，如图 1-3 所示。把鼠标指针移动到该双向箭头的下面，则屏幕自动向上滚动，鼠标指针离开双向箭头越远，屏幕滚动越快。若要向下滚动屏幕，只需把鼠标指针移动到双向箭头上面即可。单击鼠标左键或右键，即可返回正常状态。

图 1-3   屏幕移动控制图标

（2）认识键盘。

按功能划分，键盘总体上可分为四个大区，分别为打字键区、功能键区、编辑控制键区和副键盘区，如图 1-4 所示。

图 1-4   键盘各个键区分布

不同类型的计算机其键盘的结构都有可能不同，但所提供的功能都是一样的，以下就以一个台式计算机的标准键盘为例，介绍键盘的基本排列与操作，如图 1-5 所示。

①Esc 键：Escape 的简写，有脱离、跳出的含意。Esc 键可用来关闭对话窗口、停止目前正在使用或执行的功能等。

②Tab 键：又称定位键，在文字编辑环境中，按一次 Tab 键会输入一个制表符，代表跳到下一个定位点，即光标定位在下一个制表符的位置。通常一个制表符的间距为 8 个字符的长度，但在一些编辑软件中此值可由用户自定义，默认自定义间距为 4 个字符的长度。

③数字键：用来输入数字及一些特殊符号。

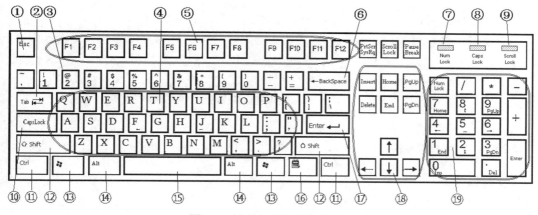

图 1-5　键盘各主要按键的名称

④字母符号区：用来输入英文字母或一些常用的符号，配合 Shift 键使用可以输入大小写字母及其他在键帽上标注的符号。

⑤F 开头的功能键：提供给应用程序定义各种功能的快速指令，其中 F1 的定义通常是代表显示帮助说明。

⑥BackSpace（退格）键：在进行文字输入时，按下 BackSpace 键会删除光标插入点左侧的字符，光标插入点随之向左移动。

⑦NumLock 指示灯：此信号灯亮起时，表示小键盘数字专区可用来输入数字；此灯若熄灭，则数字专区的键盘会变成编辑键。数字专区左上角的 NumLock 键可用来切换此指示灯状态。

⑧CapsLock 指示灯：大小写输入指示灯，亮起时代表输入的字母为大写字母；若指示灯熄灭，则输入的字母为小写字母。

⑨ScrollLock 指示灯：此灯亮起时，使用者可以使用键盘来进行上下滚动动作，而不必使用鼠标。

⑩CapsLock 键：用来切换 CapsLock 指示灯的状态。

⑪Ctrl 键：需要与其他按键配合使用，主要用途是方便应用程序定义快捷键，例如 Ctrl+C 组合键代表复制、Ctrl+V 组合键代表粘贴等。

⑫Shift 键：需要与其他按键配合使用，用来短时间内切换大小写输入，或输入数字键帽上排标示的符号键。

⑬Windows "开始" 键（❖）：按下此键时，将会打开 Windows "开始" 功能菜单。此外，此键与其他字符键可形成组合键，在 Windows 操作系统下有特殊的功能。

⑭Alt 键：需要与其他按键配合使用，用来开启应用程序的功能菜单键，例如 Alt+F 组合键可打开 "文件" 功能。

⑮空格（Space）键：用来输入空格符号。

⑯Windows 鼠标右键：任何时候按下本键，相当于单击鼠标的右键。应用程序对鼠标右键的典型处理方式是弹出鼠标右键菜单。

⑰Enter 键：也称为回车键，在进行文字编辑时按下 Enter 键可以插入新行，并使光标置于下一行的开头。

⑱编辑键区：包含方向键←、↑、→、↓等文档编辑的专用键区。

⑲数字专用区：可专门用来输入数字及加减乘除符号，是为方便需要大量输入数字的场合而设计的。

1.2　实验案例

实验 1　打字指法练习

【实验目的】

1. 掌握键盘上的基本键的位置。
2. 掌握双手各手指管辖的键位分布。
3. 掌握基本手法和打字要领。
4. 掌握正确的打字姿势和注意事项。

【实验内容】

（1）了解基本键的位置、手指的分工。

（2）掌握正确的击键操作方法和注意事项。

（3）掌握打字的正确姿势。通过训练，提高打字的速度和质量。

【实验步骤】

使用键盘打字，是计算机用户必备的基本功之一。学习正确的击键方法和打字姿势，通过手指合理分工能够提高打字速度，并且是实现盲打的第一步。此外，保持正确的计算机操作姿势和方法，不仅有助于提高工作效率，而且有助于防止电脑职业病的发生。

（1）打字指法。

1）8个基本键：左边的 A、S、D、F 键，右边的 J、K、L、;键，其中的 F、J 两个键上都有一个凸起的小棱杠，以便于盲打时手指能通过触觉定位。

2）基本键指法。

开始打字前，左手小指、无名指、中指和食指应分别虚放在 A、S、D、F 键上，右手的食指、中指、无名指和小指应分别虚放在 J、K、L、;键上，两个大拇指则虚放在空格键上，如图 1-6 所示。基本键是打字时手指所处的基准位置，敲击其他任何键，手指都是从这里出发，敲击完后又须立即回到基本键位。

图 1-6　打字前双手各手指的位置

3）其他键的手指分工。

打字时，10 个手指要分工明确，如图 1-7 所示。左手食指负责 4、5、R、T、F、G、V、B 共 8 个键，中指负责 3、E、D、C 共 4 个键，无名指负责 2、W、S、X 共 4 个键，小指负责 1、Q、A、Z 及其左边的所有键位；右手食指负责 6、7、Y、U、H、J、N、M 共 8 个键，中指负责 8、I、K、, 共 4 个键，无名指负责 9、O、L、. 共 4 个键，小指负责 0、P、;、/及其右边的所有键位。

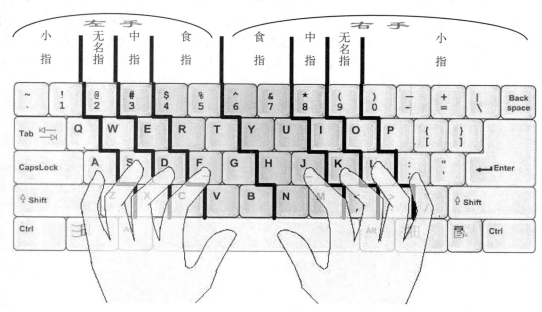

图 1-7　各手指的分工

4）击键方法。

①击键之前，拇指放在空格键上，其他 8 个手指放在基准键上。

②双手尽可能与键盘长边呈垂直方向，不要呈八字形。

③击键时，要击键的手指迅速敲击目标键，瞬间发力并立即松开，不要一直按在目标键上。

④击键完毕后，手指要立即放回基准键上，准备下一次击键。

5）打字姿势。

①头正、颈直、身体挺直、双脚平踏在地。

②身体正对屏幕，调整屏幕，使眼睛舒服。

③眼睛平视屏幕，保持 45～70 厘米的距离，每隔 10 分钟将视线从屏幕上移开一次。

④手肘高度和键盘平行，手腕不要靠在桌子上，双手要自然垂放在键盘上。

可将打字姿势归纳为直腰、弓手、立指、弹键。

（2）打字注意事项。

①要注意打字的姿势，打字时，全身要自然放松，腰背挺直，上身稍离键盘，上臂自然下垂，手要放平，手指略向内弯曲，自然虚放在对应键位上。需要打印的稿件一般放在键盘左

边，最好使用稿件支架。只有姿势正确，才不致引起疲劳和错误。

②操作键盘是击键、敲键，而不是按键。击键时用的是冲力，即用手指尖瞬间发力并立即反弹，使手指迅速回到基准键。

③击键时，主要依靠指关节用力，而非腕部用力，全部击键动作仅限于手指部分。击键的力度要适当：击键力量过重，容易损坏键盘，且操作者容易疲劳，也影响录入速度；击键力量过轻则键盘不能响应。

④打字时，双眼只盯着原稿，尽量学会不去看键盘（即盲打）。否则，交替看键盘和稿件会使人眼疲劳，容易出错、打字速度减慢。实在记不起，可先看一下，然后移开眼睛，再按指法要求键入。只有这样，才能逐渐做到凭手感而不是凭记忆去体会每一个键的准确位置。

⑤打字时要集中注意力，以避免差错。击键的时间与力度可在练习中认真体会。通过反复实践和调整，就能够把握适当的击键力度以做到恰如其分。击键要果断迅速、均匀而有节奏。

⑥要严格按规范运指。各个手指分工明确，就应各司其职，不要越权代劳。一旦敲错了键，或是用错了手指，就要用右手小指敲击退格键，然后重新输入。

（3）正确的打字体态。

据报道，许多长期使用计算机的人，由于不良的姿势及习惯，日积月累下来往往会引起视力、颈椎、腰椎、手腕等部位的电脑职业病，对身体健康产生有害的影响。经常使用计算机的人，无论在什么年龄阶段，若不注意姿势或没有养成良好的习惯，久而久之就很可能成为电脑职业病的受害者。

所以每个人从开始接触计算机时，就应培养良好的打字姿势和操作习惯。良好的打字姿势及习惯（如图 1-8 所示）包含以下几项要领：

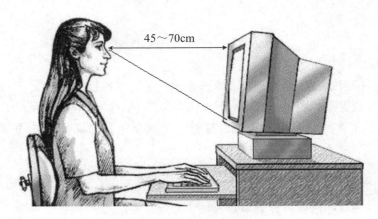

图 1-8　正确的打字姿势

1）上身保持正直。弯腰驼背易造成脊椎损伤。

2）上臂轻靠身体，自然下垂。

3）小臂伸出时与上臂约呈 90 度，必要时可调整座椅高度及身体与键盘的距离。

4）手腕应有支撑，不宜直接悬空。

5）手指自然弯曲，放松不可紧绷。

6）打字时轻击键盘，不要过度用力。

7）手腕与上臂尽量成一直线，长期外弯势必造成累积性的伤害。

8）每隔一段时间（比如 45 分钟）要让和眼睛和双手休息一会儿（比如休息 10 分钟）。

实验 2　计算机硬件故障诊断和排除

【实验目的】

1. 了解并掌握计算机系统硬件故障的诊断原则。
2. 掌握常见硬件故障的排除方法。
3. 针对具体硬件故障，设计故障分析策略及故障排除方案。

【实验内容】

（1）学习计算机硬件故障的诊断分析方法和排除方法。

（2）指导老师设置一个硬件故障，由学生进行硬件故障诊断，提交故障解决方案，并在老师的指导下以 4 人为一组分组进行硬件的故障排除。

【相关知识】

面对各种计算机故障的出现，要学会分析计算机故障以及产生的原因。在维修计算机过程中，要认识常见的软硬件工具并掌握其技术，以便自己动手解决故障。

（1）计算机故障排除的基本原则。

1）先调查、后熟悉。

在计算机进行维修前（尤其是维修别人的计算机时），首先要弄清楚故障发生时计算机的使用状况及以前的维修状况，还应清楚计算机的软硬件配置及已使用年限等，做到有的放矢。

2）先机外、后机内。

对于出现主机或显示器不工作等故障的计算机，应先检查机箱及显示器的外部部件，特别是机外的一些开关、旋钮是否调整好，市电电压是否正常，外部的引线、插座有无断路、短路、接触不良等现象。当确认机器外部部件工作正常时，再打开机箱或显示器进行检查。

3）先机械、后电气。

对于光驱、鼠标、键盘及打印机等外部设备，检修的一般原则是先检查其有无机械故障，再检查其有无电气故障。例如针式打印机有故障时，应当先确定是由机械原因（如打印头的问题）引起的，还是由电气原因造成的。只有确定各部位工作机构及打印头无机械故障后，再进行电气方面的检查。

4）先软件、后硬件。

计算机维修中的一个重要原则是先排除软件故障再排除硬件问题。例如系统不能启动，则操作系统（如 Windows）软件的损坏或丢失可能是造成问题的首要原因。因为系统启动是一步一个脚印的过程，一环扣一环。任何环节都不能出现错误。如果在启动的某一步发现系统文件找不到或已被破坏，或版本不兼容，则系统启动就会卡死在这一步。

硬件设备的设置问题，例如 BIOS 设置、驱动程序的完整性与系统的兼容性等也有可能引发计算机死机故障的产生。所以在维修时应遵循先软件、后硬件的原则。

5）先清洁、后检修。

在检查机箱内部配件时，应先着重检查机内是否清洁。如果发现机内各元件、引线、走线及金手指之间有尘土、污物、蛛网或多余焊锡、焊油等，应先加以清除，再进行检修。例如

CPU 风扇、电源风扇等处是最容易积灰的地方，清理时最好用吸尘器、冷风吹风机、橡胶吸球、小毛刷等进行清理。这样既可减少自然故障，又可取得事半功倍的效果。实践表明，许多故障都是由于某些部件（尤其是主板上的插卡，如内存条、显卡、网卡等）脏污引起的，一经清洁，故障往往会自动消失。

6）先电源、后机器。

电源是计算机及配件的心脏，如果电源不正常，就不能保证其他部分的正常工作，也就无从检查其他故障。据统计，电源部分的故障率所占的比例很高，所以先检修电源能收到事半功倍的效果。

7）先通病、后特殊。

根据计算机故障的共同特点，先排除带有普遍性和规律性的常见故障，再去检查特殊的故障，以便逐步缩小故障范围，由面到点，快速确定故障所在的位置及原因，对症下药，尽早排除故障。

8）先外围，后内部。

在检查计算机或配件的重要元器件时，不要急于更换或对其内部的重要配件动手，而应先检查其外围电路。在确认外围电路或部件工作正常时，再考虑更换配件或重要元器件。根据以往的维修经验，配件或重要元器件外围电路的故障远高于其内部电路。

（2）常见的硬件故障及排除方法。

常见的硬件故障很多，可以分为以下几类：

- 元件及芯片故障。
- 连线与接插件故障。
- 部件引起的故障。
- 硬件兼容引起的故障。
- 跳线及设置引起的故障。
- 电源引起的故障。
- 各种软故障。

这些硬件故障一般可用如下方法进行诊断和排除。

1）清洁法。

很多计算机故障都是由于设备内灰尘较多引起的，在维修过程中，应该先用吹风机、吸尘器、软毛刷等工具进行除尘，再进行后续的故障判断与维修。

2）直接观察法。

直接观察法就是通过眼看、耳听、手摸、鼻闻等方式检查机器比较典型或比较明显的故障，如观察机器是否有火花痕迹、异常声音、插头及插座松动、电缆损坏、管脚断裂、接触不良、虚焊等现象。

3）插拔法。

插拔法是通过将插件板或芯片拔出或插入来寻找故障原因的方法，采用该方法能迅速找到发生故障的部位，从而查到故障的原因。

4）交换法。

交换法是用好插件板、好器件替换有故障疑点的插件板或器件，或者把相同的插件或器件互相交换，观察故障变化的情况，依此来判断故障原因的方法。

5）程序诊断法。

只要计算机还能够进行正常启动，就可以使用一些专门为检查诊断机器而编制的程序来帮助查找故障的原因。

在实际的应用中，以上方法应结合实际灵活运用，综合运用多种方法，才能确定并排除故障。

（3）硬件系统常见故障与排除方法。

1）硬件之间不兼容。排除方法：更换硬件或者升级启动程序使其兼容。

2）电压不稳定。排除方法：检查外部电源，必要时使用 UPS 稳压电源。

3）计算机部件质量差，工作不稳定。排除方法：更换优质部件。

【实验步骤】

具体实验过程由指导教师灵活安排。

实验 3　计算机软件故障诊断和排除

【实验目的】

1. 了解并掌握计算机系统软件故障的诊断原则和诊断方法。

2. 掌握计算机常见软件故障的排除方法。

3. 针对具体的软件故障，设计故障分析策略及故障排除方案。

4. 掌握故障分析与排除的具体操作。

【实验内容】

（1）学习计算机软件故障的诊断分析方法和排除方法。

（2）指导教师人为设置若干个软件故障，由学生来进行软件故障诊断，提交故障解决方案，并在老师批准后进行软件故障排除。

（3）总结软件故障诊断与排除的经验，吸取教训。

【相关知识】

计算机软件故障发生的可能性比硬件故障要高。有些软件故障可能是小问题，自己动手排除软件故障可以节约时间和成本，同时也能积累软件使用经验。对于较大的软件故障，也要学会分析故障的原因、掌握一定的故障排除方法。

常见软件故障包括开机异常、关机异常、开机后计算机运行缓慢、开机后自动运行了某些不需要的程序、软件打不开、软件界面异常、软件功能异常等。其中多数故障与操作系统的异常有关。

（1）常见操作系统故障。

操作系统是所有软件的基础，负责控制和管理计算机中的所有资源。用户通过操作系统来发出指令，以实现相应的功能。操作系统一旦出现故障，计算机就无法正常工作。

1）操作系统故障的表现。

操作系统的常见故障有以下几种：

①系统无法启动或关机。

②系统死机或崩溃。

③系统出现蓝屏、黑屏或花屏故障。

④程序发生非法操作。

⑤系统显示内存不足或显示某某内存不能写入的错误。

⑥系统无故重新启动。

2）操作系统故障排除思路。

操作系统的故障排除思路就是先看计算机能否正常启动，当可以正常启动时，查看系统的运行情况，根据先软件后硬件的原则，查看软件是否存在故障。当不能正常启动时，可通过安全模式来启动计算机，查看故障是否消失，然后再逐一进行判断，以便找到故障的原因。

3）操作系统常见故障分类与分析。

操作系统常见故障的分类和排除故障的方法有以下几个方面：

①注册表被损坏。排除方法：通过恢复注册表来解决损坏的注册表。

②重要文件损坏或者丢失。排除方法：可以在文件查看器中对重要的系统文件进行检查。比如使用 Windows 自带的 sfc.exe 程序，可以扫描所有受保护的系统文件的完整性，并用正确的版本来替换错误的版本。

③程序发生冲突状况。排除方法：找出发生冲突的程序，将其卸载或者升级，以使其能够兼容。

④系统感染病毒或者遭到黑客攻击。排除方法：安装大品牌的杀毒软件进行杀毒，并下载安装各种漏洞补丁，设置网络防火墙。如果实在杀不掉，就需要重装系统。

⑤在任务管理器中发现同时运行的进程太多。排除方法：可在任务管理器中（或使用系统管理工具软件）中止不必要的进程或服务项目，禁止某些程序随系统自动启动。

（2）用安全模式启动计算机诊断故障。

安全模式是 Windows 系统中的一种特定模式，在安全模式下可以方便地修复系统的一些错误，或者卸载一些软件。安全模式的工作原理是在不加载第三方设备驱动程序的情况下启动计算机，使计算机运行在系统的最小模式，这样用户就可以方便地检测与修复计算机系统的错误。

以安全模式启动计算机时，Windows 仅加载基本的驱动程序和计算机服务。进入安全模式后的桌面如图 1-9 所示。

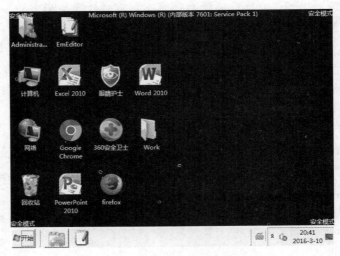

图 1-9　进入 Windows 安全模式后的桌面

在安全模式下可以确定并解决那些自动启动的、有故障的驱动程序或服务所导致的问题，对可能阻碍计算机正常启动的程序、服务或设备驱动程序可以禁用或删除。删除任何新添加的硬件，然后重新启动计算机，查看问题是否已得到解决。

在 Windows 2000 之前的 Windows 系统版本中，进入安全模式需要在开机时按 Ctrl 键才能选择进入。在 Windows XP 系统及以后的版本中，只需要在开机时按 F8 键即可进入安全模式的选择菜单。

如果计算机可以在安全模式下启动，但无法以正常模式启动，则可能存在以下问题：

1）硬件设置问题，如设备故障、安装问题、布线问题或连接器问题。

2）资源分配上有冲突。

3）系统与某些程序、服务或驱动程序不兼容。

4）注册表已损坏。

（3）计算机软件故障分析流程。

计算机软件故障多数都表现为开不了机、不能正常关机、系统运行变慢（很可能是开机时自动运行了一个或多个后台程序造成的）等。诊断分析流程如图 1-10 所示。

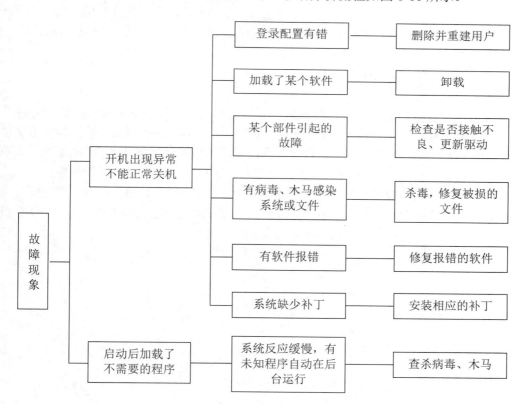

图 1-10　分析计算机常见故障的流程

（4）一般计算机软件常见的故障与排除。

新安装系统后，使用一段时间后出现系统变慢或者报错情况，可能有如下原因：

1）安装软件过多，占满了硬盘上的空间，造成系统或程序缺少足够的运行空间而变慢。可按期检查系统盘所在位置的硬盘空间，并确保其有足够的空间（建议至少要留 4G 以上的空间），同时需要定期清理安装的软件，没有必要的软件可以卸载以释放出空间。

2）因为安装的软件较多，造成启动的时候异常缓慢；因为很多软件需要在系统中写入软件的相关设置，甚至在计算机启动的时候就需要启动软件的诸多服务，故造成启动时间变慢。碰到这种情况，也是需要定期进行软件清理的，不用的软件最好卸载掉；同时留意"开始\所有程序\启动"中的项目，不必要的软件就不要启动加载了，将其从启动项目中删除即可。

3）过度频繁地安装、删除软件或程序，造成文件碎片或系统垃圾，明显影响系统的运行速度，尤其是不按照软件的卸载要求进行卸载的，会造成在系统注册表中有残留信息，系统开机或运行程序时出现错误对话框等现象。建议卸载软件或程序时，一定要遵照相应的说明进行操作。

4）按期对系统进行碎片整理，以提升系统的运行速度。按期进行磁盘维护工作，清除垃圾、收拾整顿硬盘碎片，这样可以提高硬盘的读写效率，提高运行速度。

5）计算机病毒也会造成系统工作缓慢或引发异常报错。按期查杀病毒，慎重安装软件，都是有效避免这些故障的方法。

6）某些计算机上具有一键恢复的功能。假如碰到以上问题，而自己确实没有能力解决这些问题，可在确保已备份了重要数据的情况下选择一键恢复，以恢复到系统出厂状态。但一定要明白，此项操作将会使之前的一些设置及磁盘上保存的数据丢失，故要谨慎使用。

【实验步骤】

具体实验过程由指导教师灵活安排。

【说明】

这里提醒读者注意，通常计算机的故障，尤其是操作系统软件的故障，往往会导致计算机硬盘中数据的损坏、部分丢失或全部丢失。我们应认识到，在某些场合，数据的价值比计算机软硬件的价值还要高。如果硬盘中有自己保存的重要或敏感的数据（包括文档、图片、源程序、设计图及其他资料等），在平时一定要注意备份。最好使用备份软件定期备份。

另外，我们建议数据最好备份到移动硬盘、其他计算机硬盘、U 盘、网盘、光盘等与当前计算机硬盘相对独立的存储设备上。因为备份到同一计算机硬盘上有较大的风险，当计算机发生故障时，同一硬盘的原始数据和备份数据可能都无法使用。

第 2 章　Windows 7 操作系统实验

本章以目前在计算机上广泛使用的 Windows 7 操作系统为例，介绍 Windows 操作系统的基本功能、文件和文件夹的管理、中文输入法的设置、Windows 系统的功能设置、压缩软件 WinRAR 的使用等常用功能，使读者能够通过本章的学习举一反三，掌握 Windows 的一般操作和常用软件的使用。

注：本章的实验都是在 Microsoft Windows 7 企业版或旗舰版下操作的，其他版本下部分功能可能不具备，请读者自行调整安排。

2.1　基本操作

基本操作 1　设置桌面主题

【实验目的】

1. 了解 Windows 7 桌面的组成。
2. 掌握 Windows 7 桌面主题的选择和相关的参数设置。
3. 观察设置不同主题后 Windows 7 桌面的变化，选择自己喜欢的主题。

【实验内容】

将 Windows 7 桌面 Aero 主题改为"风景"，设置更改图片时间间隔为"20 分钟"，图片位置为"拉伸"，无序播放。

【实验步骤】

（1）设置"风景"主题。

在 Windows 7 桌面的空白处右击，执行快捷菜单的"个性化"命令，打开"个性化"窗口。在 Aero 主题列表中选中"风景"主题，如图 2-1 所示。

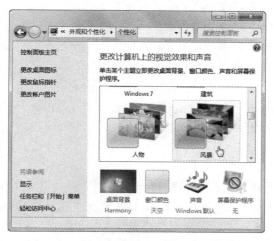

图 2-1　在 Windows 7 中选择"风景"主题作为桌面背景

（2）设置主题参数。

在前一设置完成后，单击"个性化"窗口中的"桌面背景"图标或文字超链接，打开"桌面背景"窗口。

维持"风景"区域中的各图片都选中的状态，从"图片位置"下拉列表框中选择"拉伸"，从"更改图片时间间隔"下拉列表框中选择"20 分钟"，最后勾选"无序播放"复选框，如图 2-2 所示。单击"保存修改"按钮，完成"风景"主题参数的设置。

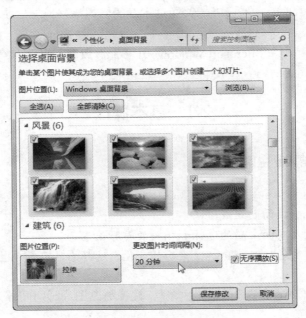

图 2-2　设置桌面背景及其参数

基本操作 2　设置屏幕保护程序

【实验目的】

1. 了解 Windows 7 屏幕保护程序的作用。
2. 掌握设置 Windows 7 屏幕保护程序的基本方法。
3. 观察使用不同屏幕保护程序的效果。
4. 学会设置三维文字屏幕保护程序的参数。

【实验内容】

设置 Windows 7 系统的屏幕保护程序为"三维文字"，等待时间为 8 分钟，文本内容为当前时间，旋转类型为"滚动"。

【实验步骤】

（1）屏幕保护程序的作用。

如果在使用计算机工作的过程中临时有一段时间需要做其他的事情，从而中断了对计算机的操作，这时屏幕保护程序就能够在鼠标或键盘无操作几分钟后启动，将屏幕上正在进行的工作状况画面隐藏起来。还可以在屏幕保护设置中勾选"在恢复时显示登录屏幕"复选框，以防止别人随意进入桌面，从而保护个人隐私。

另外，一般 Windows 下的屏幕保护程序都比较暗，可大幅度降低屏幕亮度，起到一定的省电作用。

（2）屏幕保护程序的设置。

在 Windows 7 桌面的空白处右击，执行快捷菜单的"个性化"命令，打开"个性化"窗口，如图 2-1 所示。单击"屏幕保护程序"图标或文字超链接，打开"屏幕保护程序设置"对话框，如图 2-3 所示。

图 2-3　设置屏幕保护程序

在此对话框中，从"屏幕保护程序"下拉列表框中选择"三维文字"，再单击其右侧的"设置"按钮，打开"三维文字设置"对话框，从中选择显示文本为"时间"，旋转类型为"滚动"，其他参数不变，如图 2-4 所示。单击"确定"按钮关闭此对话框。

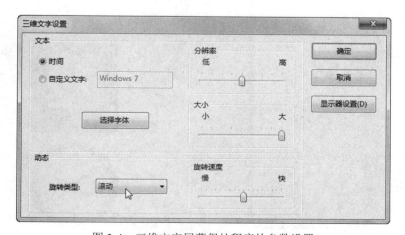

图 2-4　三维文字屏幕保护程序的参数设置

　　回到"屏幕保护程序设置"对话框中，将等待时间调整为 8 分钟。单击"确定"按钮完成三维文字的屏幕保护程序的参数设置。

基本操作 3　添加桌面小工具

【实验目的】

1. 了解 Windows 7 桌面小工具的功能作用。
2. 掌握 Windows 7 桌面小工具的添加和删除方法。
3. 掌握日期、时钟等桌面小工具的参数设置方法。

【实验内容】

　　在桌面上添加 Windows 的小工具时钟和日历，将时钟命名为"计算机时钟"，显示秒针，时区为当前计算机时间，日历的不透明度为80%。将时钟和日历都放在桌面的右上角。

【实验步骤】

　　（1）桌面小工具的作用。

　　桌面小工具是 Windows 7 自带的工具组，可以显示日历/月历、时钟、天气、CPU 状态等多项可选的功能。可以对小工具设置改变外观等各种参数，以给用户提供便利。

　　（2）桌面小工具的设置。

　　在 Windows 7 桌面的空白处右击，选择"小工具"命令，打开"小工具"窗口，从中将日历图标拖动到桌面的右上角，将时钟图标拖动到日历的下方。关闭"小工具"窗口。

　　在桌面右上角日历图标上选择快捷菜单的"不透明度"→"80%"。在时钟图标上选择快捷菜单的"选项"命令，打开"时钟"对话框，从中选择时钟名称为"计算机时钟"，时区为"当前计算机时间"，勾选"显示秒针"复选框，如图 2-5 所示。单击"确定"按钮完成参数的设置。设置好的桌面小工具如图 2-6 所示。

图 2-5　时钟参数设置

图 2-6　屏幕小工具之时钟和日历

基本操作 4　设置"开始"菜单的项目

【实验目的】

1. 了解 Windows 7"开始"菜单的组成。
2. 学会自己添加或删除"开始"菜单的项目。
3. 掌握在桌面添加或取消系统图标的方法。

【实验内容】

（1）在 Windows 7 系统的桌面添加"控制面板"和"网络"图标。

（2）在"开始"菜单中，设置在系统菜单区不显示"设备和打印机""游戏"项目，显示"收藏夹菜单"项目。设置在常用菜单区显示"系统管理工具"项目。

【实验步骤】

（1）在桌面添加图标。

在桌面空白处右击，选择快捷菜单的"个性化"选项，在弹出的"个性化"窗口中选择左侧的"更改桌面图标"选项（参考图 2-1），打开"桌面图标设置"对话框，如图 2-7 所示。

图 2-7　"桌面图标设置"对话框

在"桌面图标设置"对话框中勾选"控制面板""计算机""回收站"和"网络"复选框，单击"确定"按钮，再关闭"个性化"窗口，即可看到桌面出现了"控制面板""计算机""回收站"和"网络"图标，如图 2-8 所示。

图 2-8　在桌面上显示的一些系统图标

（2）设置"开始"菜单中的项目。

右击任务栏空白处（或"开始"菜单按钮），选择快捷菜单的"属性"，弹出"任务栏和

「开始」菜单属性"对话框，从中选择"「开始」菜单"选项卡，如图 2-9 所示。

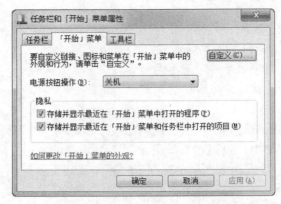

图 2-9　任务栏和「开始」菜单属性对话框

单击"自定义"按钮，打开"自定义「开始」菜单"对话框。从中取消勾选"设备和打印机"复选项，勾选"收藏夹菜单"复选项，同时设置"系统管理工具"为"在'所有程序'菜单和「开始」菜单上显示"，设置"游戏"为"不显示此项目"，如图 2-10 所示。

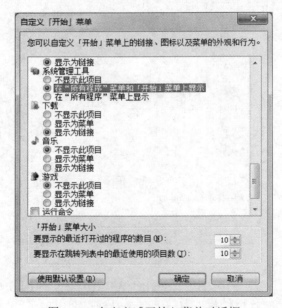

图 2-10　自定义「开始」菜单对话框

单击"确定"按钮两次关闭各对话框。打开"开始"菜单，即可看到菜单项的变化。

基本操作 5　为中文输入法设置热键

【实验目的】

1. 了解 Windows 7 键盘布局的各种方案。
2. 掌握为系统输入法新增一种键盘布局的方式。
3. 掌握 Windows 7 系统中为各种输入法及切换方式设置热键的方法。

【实验内容】

（1）为系统输入法增添键盘布局"英语（美国）- 美式键盘"，并将其设置为默认输入语言。

（2）给"英语（美国）- 美式键盘"设置切换热键为 Ctrl+Shift+~，为中文输入法"极点五笔输入法"设置切换热键为 Ctrl+Shift+1。

【实验步骤】

（1）为系统添加键盘布局。

用右键单击任务栏的"输入法"图标（⌨），从快捷菜单中选择"设置"命令，打开"文本服务和输入语言"对话框。在"常规"选项卡中单击"添加"按钮，打开"添加输入语言"对话框。在此对话框中的树形列表区找到"英语（美国）"→"键盘"选项，在列表中勾选"美式键盘"复选框，如图 2-11 所示。单击"确定"按钮关闭此对话框，则可在"文本服务和输入语言"对话框下方区域的列表框中看到新安装的"美式键盘"选项，如图 2-12 所示。

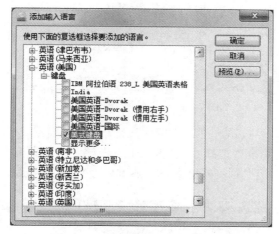

图 2-11　"添加输入语言"对话框

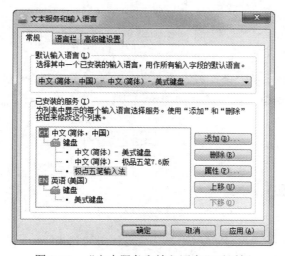

图 2-12　"文本服务和输入语言"对话框

　　单击此对话框中的"默认输入语言"下拉列表框，从中选定"英语（美国）- 美式键盘"，单击"确定"按钮，即添加了一个美式键盘的语言服务，并将其设置为系统的默认输入语言。

　　（2）添加输入法的切换热键。

　　再次打开"文本服务和输入语言"对话框，选定"高级键设置"选项卡，在"输入语言的热键"下方的列表框中选中"切换到 英语（美国）- 美式键盘"选项，如图 2-13 所示。

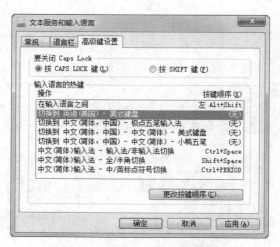

图 2-13　设置输入语言的热键

　　单击"更改按键顺序"按钮，打开"更改按键顺序"对话框，勾选"启用按键顺序"复选框，然后在左侧下拉列表框中选择 Ctrl + Shift，在右侧下拉列表框中选择~，如图 2-14 所示。单击"确定"按钮即可为切换到美式键盘设置热键。

图 2-14　设置美式键盘按键顺序

　　按同样的方法和操作，为"极点五笔输入法"设置切换热键为 Ctrl+Shift+1。最后单击"确定"按钮，关闭所有对话框，结束输入法热键的设置。

2.2　实验案例

实验 1　新建文件和文件夹

【实验目的】

1. 了解 Windows 7 管理文件的方式，以及文件夹的作用。

2. 掌握在 Windows 7 资源管理器中新建各种类型文件的方法。

3．掌握创建文件夹的方法和技巧。

【实验内容】

打开资源管理器，执行如下操作：

（1）在路径 D:\study\win7\下（如果此路径不存在则自建）新建一个名为"文本"的文本文档、一个名为"字处理"的空 Word 文档、一个名为"电子表格"的 Excel 文件、一个名为"我的 PPT"的演示文稿文件，以及一个名为"练习"的文件夹。

（2）在路径 E:\下新建一个名为 student 的文件夹。

（3）在路径 D:\study\win7\下再新建一个名为 new 的文件夹。

【实验步骤】

（1）新建文件和文件夹。

打开 Windows 资源管理器，打开路径 D:\study\win7\，在右侧工作区空白处执行快捷菜单"新建"→"文本文档"命令（在有些 Windows 7 系统中，此菜单项为 Text Document），如图 2-15 所示，则在当前文件夹下新建一个文本文档（即 TXT 文件）。给它设置文件名为"文本"，然后按回车键即可。

若未能及时设置文件名，则还可通过选中该文件，选择快捷菜单中的"重命名"命令修改名字。

注意：系统已自动设置了扩展名，故不用再设置.txt 的扩展名了。

按相同的方法再创建一个 Word 文档，即在右键菜单中选择"新建"→"Microsoft Word 文档"命令并命名为"字处理"即可。同样，再选择右键菜单中的"新建"→"Microsoft Excel 工作表"命令创建一个名字为"电子表格"的 Excel 文档。再次选择右键菜单中的"新建"→"Microsoft PowerPoint 演示文稿"命令创建一个名为"我的 PPT"的演示文稿文件。

选择右键菜单中的"新建"→"文件夹"命令，则将创建一个新的文件夹，将其命名为"练习"（也可选择资源管理器工具栏中的"文件夹"命令创建文件夹），如图 2-16 所示。

图 2-15　创建文本文档

图 2-16　按要求新建的各种文档及文件夹

（2）新建其他文件夹。

在 Windows 资源管理器中，用与上述相同的方法在 E 盘根目录下（即路径 E:\下）创建一个名为 student 的文件夹。再用同样的方法在路径 D:\study\win7\下创建一个名为 new 的文件夹。

实验 2　文件和文件夹的移动与复制

【实验目的】

1. 掌握使用菜单命令进行文件和文件夹移动和复制的方法。
2. 掌握使用鼠标拖动法进行文件和文件夹移动和复制的方法。
3. 掌握在不同磁盘下进行文件和文件夹移动和复制的方法。

【实验内容】

打开资源管理器，执行如下操作：

（1）将位于 D:\study\win7\ 下的文件"文本.txt"通过菜单命令法移动到路径 D:\study\win7\new\下。

（2）将位于 D:\study\win7\下的 Word 文件"字处理.docx"通过菜单命令法复制到路径 D:\study\win7\new\下。

（3）将位于 D:\study\win7\下的 Excel 文件"电子表格.xlsx"用鼠标拖动法移动到路径 D:\study\win7\new\下。

（4）将位于 D:\study\win7\下的 PPT 文件"我的 PPT.pptx"用鼠标拖动法复制到路径 D:\study\win7\new\下。

（5）将位于 D:\study\win7\下的 Word 文件"字处理.docx"复制到 E:\student 下。

（6）将位于 D:\study\win7\new\下的文件"文本.txt"移动到 E:\student 下。

【实验步骤】

（1）用菜单命令法移动文件。

在 Windows 的资源管理器中，定位当前文件夹为 D:\study\win7\，然后在右侧工作区中选中文件"文本.txt"（文件名也可能是"文本"，因为多数状态下文件的扩展名不显示，故只要看文件的图标是文本文档图标即可）。

选择快捷菜单的"剪切"命令（也可使用 Ctrl+X 组合键），将此文件移动到剪贴板中。注意此时该文件的图标稍微变暗了，但文件还存在。切换到路径 D:\study\win7\new\下，在空白处执行快捷菜单"粘贴"命令（也可使用 Ctrl+V 组合键），即可将该文件移动至此。可返回原路径下检查，名为"文本"的文件已不存在了。

（2）用菜单命令法复制文件。

在资源管理器中定位在 D:\study\win7\路径下，选中 Word 文档文件"字处理"，然后执行快捷菜单命令"复制"（或按 Ctrl+C 组合键），再切换到 D:\study\win7\new\路径下，执行快捷菜单命令"粘贴"（或按 Ctrl+V 组合键）即可。

（3）用鼠标拖动法移动文件。

定位在 D:\study\win7\路径下，选中 Excel 文档文件"电子表格"，然后直接拖动到同一路径下的 new 文件夹中，如图 2-17 所示。注意到在拖动过程中，目标对象的放大图标跟随光标移动，同时光标下方有提示文字"➡移动到 new"。

（4）用鼠标拖动法复制文件。

定位在 D:\study\win7\路径下，选中 PowerPoint 演示文稿文件"我的 PPT"，然后按下 Ctrl 键，再拖动该文件到 new 文件夹中，如图 2-18 所示。注意到在拖动过程中，除了目标对象的大图标跟随移动外，光标下方提示文字为"➕复制到 new"。

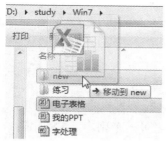
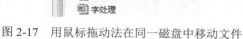

图 2-17　用鼠标拖动法在同一磁盘中移动文件　　图 2-18　用鼠标拖动法在同一磁盘中复制文件

（5）跨盘复制文件。

定位在 D:\study\win7\ 路径下，选中 Word 文档文件"字处理"，然后直接拖动到资源管理器导航窗格的路径 E:\student 下，如图 2-19 所示。注意光标下的提示文字为"✚复制到 student"。也可使用"复制"＋"粘贴"菜单命令法或等价的快捷键法。

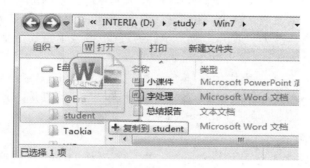

图 2-19　用鼠标拖动法在不同磁盘间复制文件

（6）跨盘移动文件。

定位在 D:\study\win7\new 路径下，选中文本文档"文本"，然后按下 Shift 键，同时拖动该文件到左侧导航窗格的路径 E:\student 下，如图 2-20 所示。注意光标下的提示文字为"➡移动到 student"。也可使用"剪切"＋"粘贴"菜单命令法或等价的快捷键法。

图 2-20　用鼠标拖动法在不同磁盘间移动文件

实验 3　重命名与删除操作

【实验目的】

1. 进一步了解和掌握 Windows 7 资源管理器的使用方法，了解文件和文件夹的命名规则。

2. 掌握在资源管理器中给文件和文件夹重命名的方法。

3. 掌握在资源管理器中删除文件或文件夹的方法，包括删除到回收站和彻底删除。

4. 理解回收站的含义及作用。

【实验内容】

打开资源管理器，执行如下操作：

（1）将位于 D:\study\win7\ 下的"练习"文件夹名字改为"我的作业"。

（2）为文件"D:\study\win7\文本.txt"在同一路径下拷贝一个副本，并将此副本改名为"我的小日记.txt"。

（3）将文件"D:\study\win7\文本.txt"移动到回收站。

（4）将文件"D:\study\win7\new\我的 PPT.pptx"彻底删除。

【实验步骤】

（1）重命名文件夹。

打开 Windows 资源管理器，定位于 D:\study\win7\ 路径下。选中文件夹"练习"，按 F2 键（或选择右键菜单的"重命名"命令，也可在该文件夹名字上单击两次），则进入到文件名编辑状态。此时可将其名字改为"我的作业"，然后按回车键或单击其他空白地方即可。

（2）重命名文件。

在 D:\study\win7\ 路径下选中文本文档"文本"，然后按 Ctrl+C 组合键复制，按 Ctrl+V 组合键粘贴，即拷贝了一个该文件的副本，名为"文本-副本"。将其选中，按前述的方法改名为"我的小日记"。注意，不要改动文件的扩展名。

（3）删除到回收站。

在 D:\study\win7\ 路径下选中文本文档"文本"，然后按 Delete 键或执行快捷菜单中的"删除"命令，将打开"删除文件"对话框，注意此对话框中的提示语句为"确实要把此文件放入回收站吗？"。单击"是"按钮，即可将其删除到回收站。

删除到回收站中的文件或文件夹还可通过打开桌面上的"回收站"来还原。

（4）彻底删除。

选中演示文稿文件"D:\study\win7\new\我的 PPT"，按下 Shift 键的同时再按 Delete 键，或在单击右键菜单"删除"前按下 Shift 键，打开"删除文件"对话框，注意其提示语句为"确实要永久性地删除此文件吗？"。单击"是"按钮，则将该文件从磁盘上彻底删除。彻底删除的文件无法通过"回收站"来还原。

实验 4　创建快捷方式与锁定到任务栏

【实验目的】

1. 掌握在 Windows 7 资源管理器中为文件或文件夹在同一路径下创建快捷方式的方法。

2. 掌握为文件或文件夹在桌面创建快捷方式的方法。

3. 掌握通过桌面出发，为应用程序或文档在桌面创建快捷方式的方法。

【实验内容】

（1）为文件"E:\student\字处理.docx"在相同路径下创建快捷方式。

（2）将文件"D:\study\win7\new\电子表格.xlsx"发送到桌面生成快捷方式。

（3）为 Windows 的"画图"程序（文件名为 MsPaint.exe）创建一个桌面快捷方式，并命名为"画图程序"。

（4）将"画图"程序锁定到任务栏。

（5）使用任务管理器结束程序的运行。

【实验步骤】

（1）在同一路径下创建快捷方式。

打开 Windows 资源管理器，定位在 E:\student\路径下，选中文件"字处理.docx"，从右键菜单中执行"创建快捷方式"命令，即在当前文件夹下创建了与原文件同名的快捷方式，其图标为，与 Word 文档文件的图标有差异。

（2）发送到桌面生成快捷方式。

定位在 D:\study\win7\new\路径下，选中文件"电子表格.xlsx"，从右键菜单中执行"发送到"→"桌面快捷方式"命令，如图 2-21 所示，即为该文档在桌面创建了快捷方式，从桌面双击该快捷方式即可打开该文档。

图 2-21　使用菜单将文件发送到桌面快捷方式

（3）从桌面出发创建快捷方式。

在桌面空白处打开右键菜单，执行"新建"→"快捷方式"命令，打开"创建快捷方式"对话框。单击"浏览"按钮，在"浏览文件或文件夹"对话框中，依次展开"计算机"→C:\→Windows→System32 文件夹路径，在最后一级查找并选定文件 MsPaint.exe，单击"确定"按钮返回到"创建快捷方式"对话框，再单击"下一步"按钮，在"键入该快捷方式的名称"文本框中将原名称改为"画图程序"，最后单击"完成"按钮，即在桌面上创建了 Windows "画图"程序的快捷方式。

（4）将"画图"程序锁定到任务栏。

打开 Windows 7 的"画图"程序，在任务栏的"画图"程序图标上右击，从弹出的快捷菜单中选择"将此程序锁定到任务栏"命令，如图 2-22 所示，即可将其锁定到任务栏。退出此应用程序后，在任务栏上还有该程序的图标，下次可以单击此图标快速打开它。

如果想要取消此程序在任务栏的锁定，可在任务栏该程序图标上右击，选择"将此程序从任务栏解锁"命令，即可取消其在任务栏上的锁定功能。

图 2-22　将当前打开的程序锁定到任务栏

（5）使用任务管理器结束程序的运行。

通常我们使用窗口右上角的"关闭"按钮，或执行程序"文件"菜单中的"退出"命令来结束程序的运行，这些都是正常结束程序运行的方式。在某些情况下，不能正常关闭窗口来中止程序运行（比如程序陷入死循环、只在后台运行或窗口不可见），这时可采用任务管理器来强制中止程序的运行。

在任务栏上执行快捷菜单"启动任务管理器"命令，打开"Windows 任务管理器"窗口。选定"应用程序"选项卡，可看到当前正在运行程序的任务列表。从中选定想要中止的程序项，单击"结束任务"命令，可结束该程序的运行，使其从内存中退出。

但某些正在运行的程序在此列表中不显示，还有一些以后台进程的形式运行。它们在桌面上没有对应的窗口，无法通过正常关闭的方式来结束其运行。当我们希望中止此类程序进程的运行时，又该怎么办呢？

在 Windows 7 的任务管理器中，单击"进程"选项卡，就可看到当前系统正在运行的进程，如图 2-23 所示。它们有些是 Windows 系统必须的进程，另外一些则是第三方软件以前台或后台运行的方式所产生的进程。所以我们必须了解进程映像所对应的程序，不要轻易结束某个进程。通常进程映像名后面有对其描述的信息，方便我们了解。

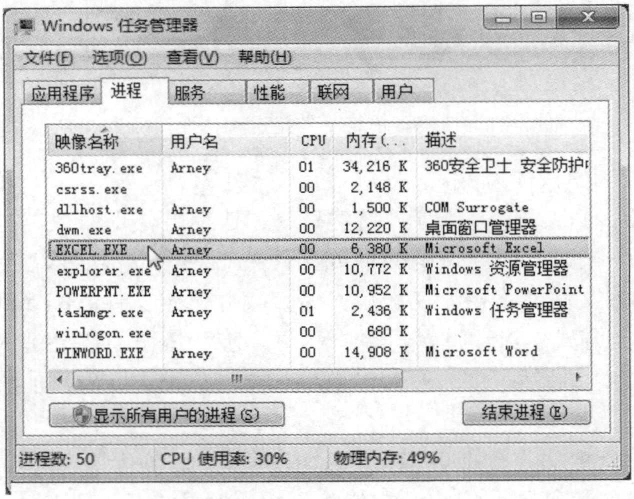

图 2-23　在"Windows 任务管理器"窗口中查看或结束进程

Word 2010 软件所对应的进程映像名称为 WINWORD.EXE，Excel 2010 软件所对应的进程映像名称为 EXCEL.EXE，PowerPoint 2010 软件所对应的进程映像名称为 POWERPNT.EXE。如果我们想要关闭这些办公软件的程序（比如某些考试系统在交卷前提示要关闭当前打开的文档），而程序在桌面上又无相应的窗口时，就可在任务管理器的"进程"选项卡中选定相应的映像名称，单击"结束进程"按钮来将其强行结束。

注意，通过这种方法可能会造成文档的数据还没有保存就被关闭。所以，一般只在无法正常关闭程序时，才能使用这种强制关闭的方法。另外有些后台程序无对应的窗口，当我们希望关闭它时，也可使用这种方法。

实验 5　搜索文件与文件夹

【实验目的】

1. 了解在资源管理器中搜索的含义。
2. 掌握在资源管理器中搜索文件或文件夹的常用方法。
3. 掌握给文件设置或取消只读及存档属性的方法。
4. 掌握给文件夹设置自定义图标的方法。

【实验内容】

（1）在 D:\study\ 路径下搜索文本文档"我的小日记"，找到以后将其置为只读属性，并将存档属性取消。

（2）在 D 盘中搜索"我的作业"文件夹，找到以后将其图标改为一棵绿树的图标。

【实验步骤】

（1）搜索文本文档。

打开 Windows 资源管理器，将路径定位于 D:\study\，单击资源管理器右上角的搜索栏，输入待搜索的字符串"我的小日记"，则 Windows 7 自动启动搜索过程。搜索成功的界面如图 2-24 所示。

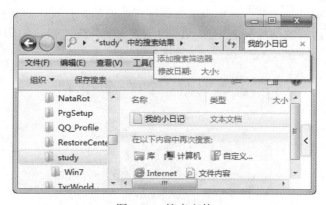

图 2-24　搜索文件

如果没有找到，系统将显示"没有与搜索条件匹配的项"，此时应检查所输入的文字是否有误，或开始搜索的路径是否正确。也可能该路径下不存在此文件（或文件夹）。

搜索到文件"我的小日记"以后，将其选中并执行右键菜单的"属性"命令，打开"我的小日记 属性"对话框，在"常规"选项卡中的下方属性区勾选"只读"复选框，如图 2-25 所示。

单击"高级"按钮，打开"高级属性"对话框，从中取消对"可以存档文件"复选框的勾选，即代表取消其存档属性，如图 2-26 所示。单击"确定"按钮两次，完成对该文件属性的设定。

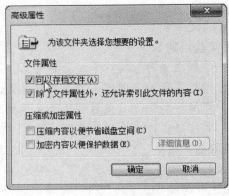

图 2-25　设置文件的只读属性　　　　　　　　　图 2-26　设置文件的存档属性

（2）搜索文件夹，并修改其图标。

同样在 Windows 资源管理器中定位于 D 盘根路径下，在右上角的搜索栏中输入待查找的文件夹名"我的作业"，Windows 查找的过程与前述查找文本文档一样，找到后将以列表的形式显示搜索的结果。如果没有找到，显示的信息及原因也与前述相同。

找到该文件夹后，将其选中，从右键菜单中选择"属性"命令，打开"我的作业属性"对话框，切换到"自定义"选项卡，单击"更改图标"按钮，打开"为文件夹我的作业更改图标"对话框。在该对话框的图标列表中拖动滚动条，查找并选定绿树的图标，如图 2-27 所示，单击"确定"按钮两次，即完成对该文件夹图标的设置。

图 2-27　为文件夹选定一棵绿树的图标

实验 6　压缩与解压缩

【实验目的】

1. 了解在计算机中对文件或文件夹压缩与解压缩的含义。
2. 掌握用 WinRAR 对文件及文件夹进行压缩打包的方法。
3. 掌握用 WinRAR 对压缩包中的文件或文件夹进行解压到特定路径下的方法。
4. 掌握用 WinRAR 生成自解压的压缩包文件的方法。

【实验内容】

（1）将文件夹 D:\study\win7\new\ 打包为 SAVE.rar 文件，并在其中添加另一文件 "E:\student\文本.txt"，然后将其保存在 D:\study\ 下。

（2）将压缩包 D:\study\SAVE.rar 中的电子表格文件解压到路径 E:\student\ 下。

（3）将 Word 文档文件从 SAVE 压缩包中删除。

（4）将 SAVE 压缩包文件转换成自解压格式。

【实验步骤】

说明：本实验以软件 WinRAR 5.40 beta 3（32 位）汉化版为例。其他版本的界面和显示的文字内容可能与此有出入，但基本功能都一样，请读者留意。

（1）生成压缩包文件。

打开 Windows 资源管理器，进入到 D:\study\win7\ 路径下，选中文件夹 new，在右键菜单中选择"添加到压缩文件"命令（在某些 WinRAR 版本中，此菜单项显示为 Add to archive，含义相同），如图 2-28 所示。

图 2-28　添加到压缩包的菜单命令

执行该命令后，打开"压缩文件名和参数"对话框，从中选择"常规"选项卡，将压缩文件名更改为 SAVE.rar，其他均取默认值，如图 2-29 所示。单击"确定"按钮，返回到资源管理器，可以看到 SAVE 压缩包文件已生成。

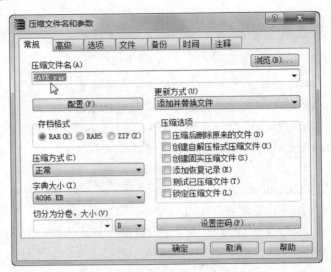

图 2-29 "压缩文件名和参数"对话框

在资源管理器中，双击打开 SAVE 压缩包文件，单击工具栏的"添加"按钮，如图 2-30 所示，打开"请选择要添加的文件"对话框，从该对话框中查找并选定文件"E:\student\文本.txt"，单击两次"确定"按钮（第 1 次为关闭"请选择要添加的文件"对话框，第 2 次为关闭"压缩文件名和参数"对话框）返回到 WinRAR 主界面，即可看到该文件已添加到本压缩包中。

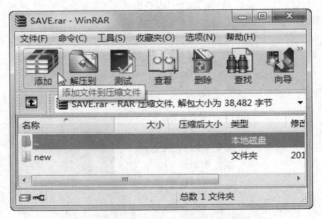

图 2-30 WinRAR 打开压缩包后的主界面

退出 WinRAR 程序，在资源管理器中将 SAVE 压缩包文件拖动到路径 D:\study\下。

（2）将压缩包文件解压。

在资源管理器中，双击打开压缩文件 D:\study\SAVE.rar，在文件列表中双击 new 文件夹，展开其包含的内容。选中"电子表格.xlsx"文件，单击工具栏的"解压到"按钮（参看图 2-30），打开"解压路径和选项"对话框。在其右侧区域的列表中定位到 E:\student 路径下，也可直接在"目标路径（如果不存在将被创建）"文本框中输入路径 E:\student，如图 2-31 所示，再单击"确定"按钮，将该文件解压到指定的路径下。

图 2-31　WinRAR 解压文件到指定的路径下

（3）删除压缩包中指定的文件。

在 WinRAR 主界面中选定"字处理.docx"文件，按 Delete 键（或从右键菜单中选择"删除文件"命令），弹出"删除"警告对话框。单击"是"按钮，即可将其从压缩包中删除。

（4）将压缩包文件转换成自解压格式。

在打开 SAVE 压缩包文件后的 WinRAR 主界面中选择"工具"→"转换压缩文件到自解压格式"命令，打开"压缩文件 SAVE.rar"对话框中的"自解压格式"选项卡，如图 2-32 所示。选择自解压模块为 Default.SFX，保持其他各项参数的默认值不变，单击"确定"按钮，则自动在与原压缩包文件相同路径下生成可执行文件 SAVE.exe。注意到其图标（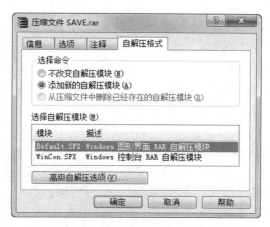）与压缩包文件的图标略有差异。

图 2-32　WinRAR 生成自解压文件的参数设置

因为是可执行程序，所以其解压时不需要 WinRAR 的环境，在资源管理器中双击打开，将弹出"WinRAR 自解压文件"对话框，让用户来选择解压到的目标文件夹，如图 2-33 所示。

可直接输入目标文件夹路径，或单击"浏览"按钮定位目标路径。之后单击"解压"按钮，将压缩包解压到指定的路径下。

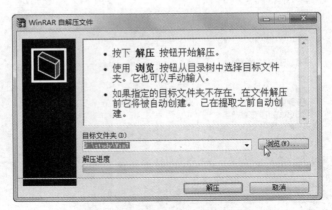

图 2-33　"WinRAR 自解压文件"对话框

当然，在 WinRAR 中也可以打开这种自解压类型的文件，以查看其所包含的内容，或者选定其部分文件或文件夹进行解压。

在添加文件到压缩包的过程中，用户还可以为压缩包文件设置密码、添加注释、设置压缩性能（即压缩比）、设置分多卷打包等多种功能。限于篇幅，这里略去，请读者自己实践。

2.3　拓展实训

本节将以后续章节的实验要用到的 Microsoft Office 2010 办公软件（专业版）为例，介绍一般应用程序在 Windows 7 下的安装与卸载过程。

实训 1　应用软件的安装

【实验目的】

1. 认识软件安装的意义与作用。
2. 了解软件安装的一般步骤。
3. 通过实例掌握大型软件的安装过程。
4. 了解软件安装的注意事项。

【实验内容】

（1）软件安装的意义和作用。

现在大多数 Windows 7 系统的应用软件都需要安装才能正常使用（有少数应用软件只需要拷贝到某一文件夹下就可以运行），所以掌握应用软件的安装操作很重要。在安装过程中，有些文件需要由安装程序拷贝到操作系统工作路径下，有些则需要在用户特定的路径下建立文件夹，以保存软件的数据。另外，安装软件通常还要向 Windows 的注册表中写入一些数据，向系统注册一些动态链接文件，还有一些程序需要与特定文件类型建立关联等。这些工作都由安装程序来完成。

（2）安装前的准备。

对于所安装的软件，我们需要事先明确其功能和作用，了解该软件对系统软硬件环境的要求，比如对内存、主频、显示器、硬盘空间的要求，对操作系统的版本、字长（32 位还是 64 位）的要求等。只有满足软件的要求，软件才能正常发挥作用。通常，软件自身带有类似 Readme.txt 或"安装说明.txt"这样的文档，会对这方面进行介绍。

下面以安装和卸载 Microsoft Office 2010（SP1）办公软件为例，学习应用软件的安装与卸载操作。

首先下载 Microsoft Office 2010 软件到硬盘的某个路径下。如果下载的是压缩包文件，则需要将其解压到一个临时文件夹下。也可使用该软件的光盘版来安装。包含 Microsoft Office 2010 软件的路径称为源路径，安装到本机后软件所处的路径称为目标路径。

（3）安装步骤。

1）启动安装过程。

一般应用软件的安装启动程序名为 Setup.exe（Microsoft Office 2010 软件的安装程序即为此名）或 Install.exe。在源路径下找到该文件，双击打开，则安装程序首先弹出 Microsoft Office 2010 界面，如图 2-34 所示。

图 2-34　安装 Microsoft Office 2010 软件的界面

选中 Microsoft Office Professional Plus 2010，然后单击"继续"按钮，打开"选择所需的安装"界面。在此界面中，有两个按钮要求我们作出选择："立即安装"和"自定义安装"。如果要使用系统默认的配置来安装，可单击"立即安装"按钮。这里我们介绍自定义安装的过程。单击"自定义"按钮，进入安装参数选择界面。

2）安装参数设置。

在安装参数选择界面中有三个选项卡。单击"文件位置"选项卡，设置软件将要安装的路径位置，可直接输入路径或单击"浏览"按钮来选择，也可使用其默认值。但要注意该目标位置对应的磁盘应有足够的剩余空间，如图 2-35 所示。然后单击"用户信息"选项卡，设置用户的全名、缩写和公司信息。最后单击"安装选项"选项卡，进行软件或其功能组件的安装选项设置。

Microsoft Office 2010 软件是一个大的软件套件，包含 Access、Excel 等多个功能相对独立的软件。每一个软件中可选择哪些功能需要安装，哪些不需要安装。在"安装选项"选项卡中，

　　我们可以选择自己想要安装的软件或其功能组件，去掉不想安装的软件或功能组件，如图 2-36 所示。

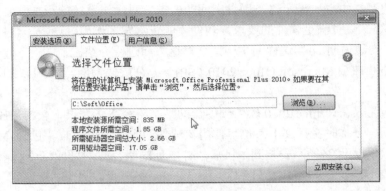

图 2-35　设定文件要安装的目标位置路径

图 2-36　自定义要安装的软件或其组件

　　具体操作过程：单击每一软件名前的下三角按钮▼，将会展开如图 2-37 所示的小菜单。如果想要安装此软件或功能组件，则选择"从本机运行"菜单项；若不想安装，则选择"不可用"菜单项。也可选择"首次使用时安装"菜单项，方便以后想要使用该功能时，再在系统提示下进行安装。

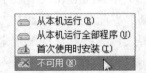

图 2-37　每一软件或组件的安装选择菜单

　　不需要安装的软件或组件，其前面有红色的×标记。这里假设我们只安装三个办公软件 Excel、PowerPoint 和 Word，则其他软件都选择"不可用"。此外，对于不想要的功能组件也将其设置为"不可用"。同时注意到此界面也提示了当前安装的软件需要占用空间的大小。

　　3）软件安装。

　　单击"立即安装"按钮开始安装。

　　安装过程有个进度条来显示，约需十多分钟。安装成功后，将显示"感谢你安装……"

的提示信息，此时单击"关闭"按钮，即宣告安装完成。

（4）注意事项。

1）通常安装成功的程序可以在"开始"菜单的"所有程序"列表中找到，有些安装程序也会在桌面上建立快捷方式。如果没有，则自己根据需要去建立快捷方式。另外，如果安装程序弹出接受软件许可条款的界面，可选择接受，以使安装继续。

2）某些应用软件下载后要通过杀毒程序扫描，以排除中毒的可能。

3）一定要注意，虽然在上述安装软件中不存在，但在某些其他软件中有绑定的一些垃圾软件，或修改用户的默认浏览器，或修改浏览器的默认主页，或让用户安装一些第三方的工具条。它们都默认为"选中"的状态，故在安装的每一步都要小心，要看清楚提示界面，把不需要安装的其他软件或设置选项删除，即把不需要的软件或设置前面的选中标记☑去掉，再进入下一步的安装。

实训 2　应用软件的卸载

【实验目的】

1. 认识软件卸载的意义与作用。

2. 了解软件卸载的一般步骤。

3. 通过实例掌握软件的卸载过程。

4. 了解软件卸载的注意事项。

【实验内容】

（1）卸载软件的意义和作用。

如果系统中已经安装的软件不想要了，或者想要安装该软件的更高版本，则可将该软件从 Windows 系统中卸载。

卸载是指从计算机软件系统中去除指定的应用软件，收回其所占用的磁盘空间。卸载不能靠删除该软件在桌面上的图标的方法，也不能靠删除软件对应的文件夹的方法。因为安装过的软件在系统注册表中、操作系统的工作路径下以及用户个人文件夹下都有可能存放数据或文件，也有可能某些文件与此软件有关联关系。这些都不是单纯靠删除就能解决的。正确的方法是通过系统的卸载程序功能来实现。

（2）卸载操作过程。

还是以卸载 Microsoft Office 2010 软件为例。选择"开始"菜单中的"控制面板"→"程序"→"卸载程序"命令，如图 2-38 所示。

图 2-38　控制面板中的"程序"→"卸载程序"命令

　　此时将打开"卸载或更改程序"窗口。从下方的程序列表中选中 Microsoft Office Professional Plus 2010，单击工具栏的"卸载"按钮，或选择右键菜单的"卸载"命令，如图 2-39 所示。

图 2-39　准备卸载 Microsoft Office 2010 软件

　　此时会有一个警告提示框"是否确定从计算机上删除 Microsoft Office Professional Plus 2010?"。单击"是"按钮，之后便启动了卸载进程，并出现有进度条的卸载窗口。

　　略等片刻，系统完成卸载，弹出"已成功卸载 Microsoft Office Professional Plus 2010"窗口。单击其中的"关闭"按钮，即完成了对指定软件的卸载。

　　（3）注意事项。

　　1）有些第三方软件卸载后还留有痕迹，或者比较顽固，难以卸载。这时候需要专业的系统管理程序（如安全卫士、软件管家等）来进行卸载或清除痕迹。

　　2）一些编辑软件（如 Microsoft Office 办公软件）卸载后，其原来管理的文档文件（如 Word 文档、Excel 电子表格等）就不能正常打开。此时，需要安装其他版本的办公软件（如更高版本的 Microsoft Office 办公软件、金山办公软件等）来管理这些文档文件。

第3章 网络基础与 Internet 应用实验

3.1 基本操作

基本操作 1 局域网的相关设置

【实验要求】

（1）检查并记录本机的主机名。

（2）利用 ipconfig 命令检查网络设置：IP 地址、子网掩码、默认网关。

（3）利用 ping 命令检查网络连通情况。

【实验内容】

（1）利用 ipconfig 命令检查网络设置：IP 地址、子网掩码、默认网关。

在 Windows 7 下单击"开始"→"运行"，输入 cmd 命令后按回车键，这时将显示"命令提示符"窗口，输入 ipconfig（网络检测命令，字母大小写均可），这时将显示本机的网络参数设置情况，如图 3-1 所示。

图 3-1 利用 ipconfig 命令检查网络参数设置

（2）利用 ping 命令检查网络连通情况。

在命令提示符窗口下输入 ping 命令与 IP 地址，如图 3-2 和图 3-3 所示。

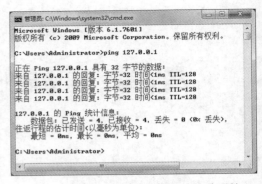

图 3-2　利用 ping 命令检查网络连通情况　　　　图 3-3　利用 ping 命令检查本机网络连通情况

基本操作 2　搜索引擎的使用

【实验目的】

1. 掌握搜索引擎的使用方法和技巧。
2. 掌握浏览器的使用方法和网络资源的保存方法。

【实验内容】

（1）启动 IE 浏览器，在地址栏中输入 https://www.baidu.com，按回车键，如图 3-4 所示。

图 3-4　百度主页窗口

（2）在搜索栏中输入"清华大学硕士招生简章"，单击"百度一下"按钮，显示检索结果，如图 3-5 所示。

（3）单击"清华大学 2018 年硕士研究生招生简章"链接，打开该网页，如图 3-6 所示。拖动鼠标指针将该页面的所有文字选定，右击，在弹出的快捷菜单中选择"复制"命令，将信息存入剪贴板，启动 Word 应用程序，再将剪贴板中的信息粘贴到 Word 文档中。如果要保存网页中的全部文字，可使用"文件"菜单中的"另存为"命令，在弹出的"另存为"对话框中选择保存类型为"文本文件"即可。

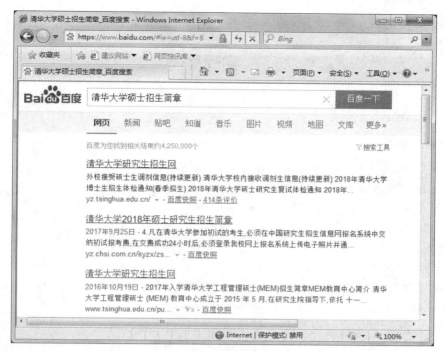

图 3-5 检索结果窗口

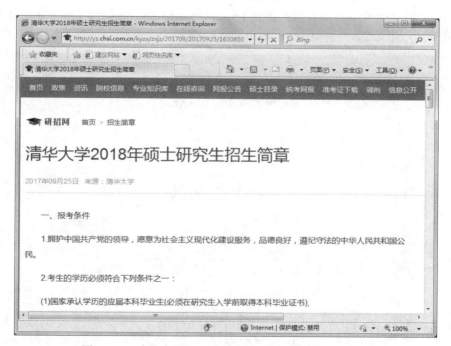

图 3-6 "清华大学 2018 年硕士研究生招生简章"窗口

（4）如果要保存页面中的图片，右击要保存的图片，在弹出的快捷菜单中选择"图片另存为"命令，打开"保存图片"对话框，设定保存位置和文件名即可将图片保存。

（5）如果需要保存整个网页，则可选择"文件"菜单中的"另存为"命令，打开"另存为"对话框，在"保存类型"下拉列表框中选择"网页，全部（*.htm;.html）"。

3.2 实验案例

实验 1 IE 浏览器的基本使用

【实验目的】

1. 掌握 IE 浏览器的启动与退出方法。
2. 掌握 IE 浏览器启动主页的设置。
3. 掌握网页及图片的下载和保存方法。
4. 把网站地址收录到收藏夹。

【实验内容】

（1）启动 IE 浏览器，浏览百度主页。

（2）浏览网页，下载网页原代码、图片、文字和网页全部格式。

【实验步骤】

（1）启动 IE 浏览器，浏览百度主页（https://www.baidu.com/）。

1）在 Windows 桌面上双击 Internet Explorer 浏览器图标，或在任务栏中单击快速启动栏中的 Internet Explorer 图标，启动 IE 浏览器。

2）在 IE 浏览器的地址栏输入网站地址 https://www.baidu.com/，按 Enter 键后 IE 浏览器窗口出现百度网站主页画面，如图 3-7 所示。

图 3-7 百度主页窗口

3）单击"文件"菜单中的"退出"命令（或单击窗口右上角的"关闭"按钮）。

（2）打开 IE 浏览器窗口，对 IE 浏览器进行修改：将 IE 浏览器的菜单栏和状态栏屏蔽，设置 IE 浏览器的数据缓冲区为 600MB，取消"在网页中播放声音"功能，浏览百度主页，将该网站主页设置为默认的主页。

1）在任务栏中单击 Internet Explorer 浏览器图标，启动 IE 浏览器。

2）单击"查看"菜单中的"工具栏"命令，打开"工具栏"级联菜单，分别取消"菜单栏"和"状态栏"菜单项前的"√",完成对菜单栏和状态栏的屏蔽,如图 3-8 所示。

图 3-8　"工具栏"级联菜单

3)单击"工具"菜单中的"Internet 选项"命令,打开"Internet 选项"对话框,如图 3-9 所示。

4)单击"常规"选项卡,在"浏览历史记录"栏中单击"设置"按钮,打开"Internet 临时文件和历史记录设置"对话框,如图 3-10 所示。

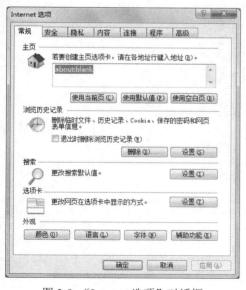

图 3-9　"Internet 选项"对话框

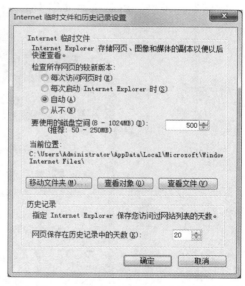

图 3-10　"Internet 临时文件和历史记录设置"对话框

5)在"要使用的磁盘空间"组合框中输入或通过微调按钮设置一个大小合适的数值,如 500,然后单击"确定"按钮,关闭"设置"对话框,设置 IE 浏览器的数据缓冲区为 500MB。

6)在"Internet 选项"对话框中,单击"高级"选项卡,如图 3-11 所示。在"设置"列表框中取消勾选"在网页中播放声音"复选框，单击"确定"按钮，则 IE 浏览器取消该功能。

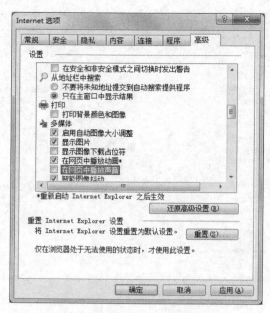

图 3-11　"高级"选项卡

7）把百度网站设为默认主页。在"Internet 选项"中单击"常规"选项卡，在"主页"栏键入 https://www.baidu.com，如图 3-12 所示，则将百度网站设为默认主页。或者在地址栏处输入 https://www.baidu.com，按 Enter 键，打开百度中文主页。然后打开"Internet 选项"对话框，单击"常规"选项卡，再单击"使用当前页"按钮，则下次打开 IE 浏览器时，将自动进入百度的主页。

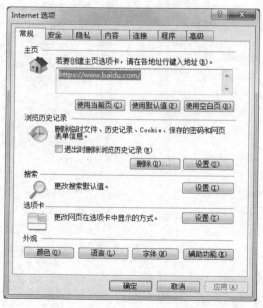

图 3-12　"常规"选项卡

（3）使用百度的"搜索引擎"查询教学课件"大学计算机基础.ppt"。

1）在百度主页"搜索"栏处输入"大学计算机基础+PPT"，单击"搜索"按钮，百度搜索引擎开始搜索和词条有关的信息，显示搜索结果，如图 3-13 所示。

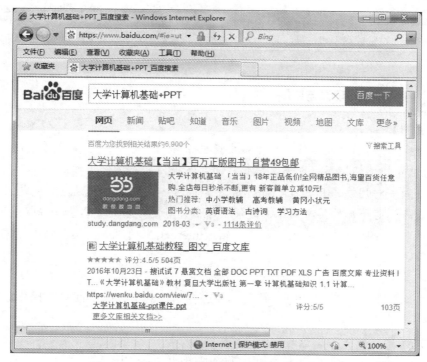

图 3-13　使用百度搜索引擎进行相关检索的结果

2）在出现的众多"大学计算机基础"条目中，选择自己感兴趣的项，单击可打开相关的内容。

（4）将网站地址收录到收藏夹。

1）启动 IE 浏览器。

2）在地址栏中输入"中国教育"，然后按 Enter 键，搜索与"中国教育"相关的网站，打开"中国教育和科研计算机网"网站。

3）单击"收藏夹"菜单中的"添加到收藏夹"命令，打开"添加收藏"对话框，如图 3-14 （a）所示。

4）单击"添加"按钮，可将该计算机网站地址收藏，然后观察"收藏夹"菜单中菜单条目的变化情况，如果单击"新建文件夹"按钮，则打开如图 3-14（b）所示的对话框，选择或新建一个文件夹，将已打开的站点地址添加到收藏夹。

5）分别输入 http://www.163.com、http://cn.yahoo.com 等一些网站地址并添加到收藏夹。

6）单击"收藏夹"菜单中的"整理收藏夹"命令，打开"整理收藏夹"对话框。

7）根据需要，用户可以将选中的网站地址名称移至另外一个文件夹中，也可以将其更改名称，或在不需要时将其删除等。

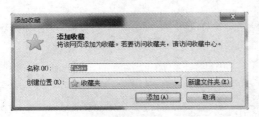

（a）"添加收藏"对话框　　　　　　　　　　（b）"创建文件夹"对话框

图 3-14

实验 2　电子邮件的申请与使用

【实验目的】

1．了解电子邮箱的功能与作用，掌握申请电子邮箱的方法。

2．掌握电子邮件的撰写、发送、接收、回复及附件的添加等操作。

电子邮件是一种用户或用户组之间通过计算机网络交流信息的服务，也是大众交流信息的常用手段之一。电子邮件具有快速、方便、廉价、可靠、内容丰富和全球畅通无阻等优点。要发送和接收电子邮件，首先要拥有电子邮箱。Internet 上的很多网站或电子邮件客户端软件（例如 Outlook）可以收发电子邮件。

【实验内容】

本实验要求注册一个免费的电子邮箱，并进行邮件的写、收、回复等操作，发送时需要添加一个附件。

【实验步骤】

（1）打开 http://www.sohu.com 主页，进入邮箱页面，如图 3-15 所示，单击"现在注册"进入注册页面。

图 3-15　搜狐邮箱页面

（2）填写账号信息，单击"注册"按钮进行注册，如图 3-16 所示。

图 3-16　注册电子邮箱

如果服务器验证通过，则进入邮箱界面，如图 3-17 所示。

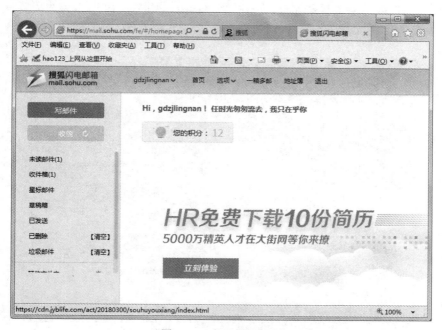

图 3-17　电子邮箱界面

（3）发送邮件。单击"写邮件"按钮，输入收件人的电子邮箱地址，输入主题和邮件正文内容，如果有附件需要发送，单击"添加附件"，选择文件，单击"打开"按钮，则附件上传到邮箱，如图 3-18 所示。单击"发送"按钮，显示"发送成功"，则完成发送邮件。

图 3-18　撰写与发送电子邮件

（4）接收邮件的方法。登录邮箱，单击"收件箱"，如图 3-19 所示。选择要打开的邮件，双击，打开邮件，如图 3-20 所示，则可以阅读邮件，下载附件。

图 3-19　收取电子邮件

（5）回复电子邮箱。阅读邮件后，在页面中单击"回复"按钮，进入回复电子邮箱界面，可直接给发件人回信。编辑"主题"和"内容"，如图 3-21 所示，单击"发送"按钮完成回复操作。

图 3-20　打开电子邮件

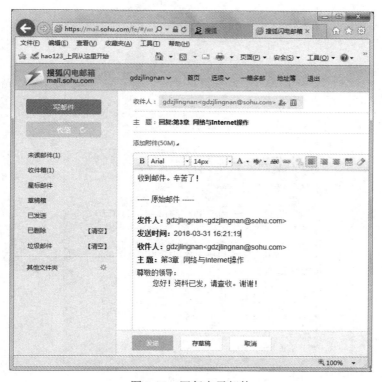

图 3-21　回复电子邮件

实验 3　FTP 文件下载

【实验目的】

掌握利用 Internet Explorer 浏览器登录 FTP 站点并下载文件的方法。

【实验内容】

FTP 是 Internet 上用来传输文件的协议。通过 FTP 协议，我们就可以与 Internet 上的 FTP 服务器进行文件的上传或下载。

【实验步骤】

（1）连接 FTP 服务器。

打开 IE 浏览器，在地址栏输入网址 ftp://202.192.128.128，按 Enter 键后进行登录。输入账号和密码后，可连接 FTP 服务器。浏览器界面显示出该服务器上的文件夹和文件名表，如图 3-22 所示。

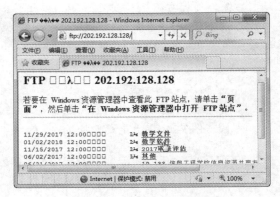

图 3-22　打开 FTP 服务器

注意：如果文字不能正确显示，可单击菜单命令"查看"→"编码"→"Unicode(UTF-8)"。

（2）下载文件。

双击"教学软件"，打开文件夹，如图 3-23 所示。

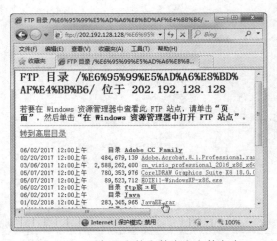

图 3-23　服务器上的文件夹和文件名表

（3）下载文件。

单击 JavaEE.rar，弹出"文件下载"对话框，如图 3-24 所示。单击"保存"按钮，选择保存位置保存文件，完成下载。

图 3-24　"文件下载"对话框

3.3　拓展实训

实训 1　检索期刊文献

【实验要求】

登录中国期刊网（http://www.cnki.net），检索 2018 年发表的主题为"人工智能"的两篇最新文章。

【实验步骤】

（1）打开 IE 浏览器，输入网址 http://www.cnki.net，在"主题"栏输入"人工智能"，单击"检索"，则查到有关"人工智能"的文献，如图 3-25 所示。

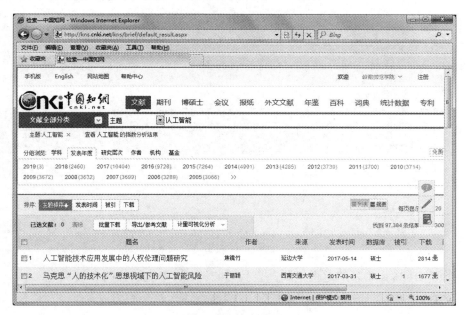

图 3-25　检索结果

（2）右击文献题名，选择"目标另存为"，分别把最新发布的两篇文章下载到本地文件夹中。

实训 2　搜索制订旅游计划书

【实验要求】

制订一份广西桂林的两日自助游计划书（假设出发地为北京，不含往返路上天数），包括：交通（火车的车次），桂林的景点介绍、旅游线路，住宿酒店和当地的交通工具。下面以百度为例，介绍如何在 Internet 上搜索信息。

【实验步骤】

（1）打开 IE 浏览器，在地址栏中输入 https://www.baidu.com，打开百度搜索引擎的主页。

（2）交通：在百度主页输入 12306 并检索。

打开中国铁路客户服务中心官网，在"车票预订"中的"出发地"后输入"北京"，"目的地"后输入"桂林"。查询到 G529 次等车次，如图 3-26 所示。

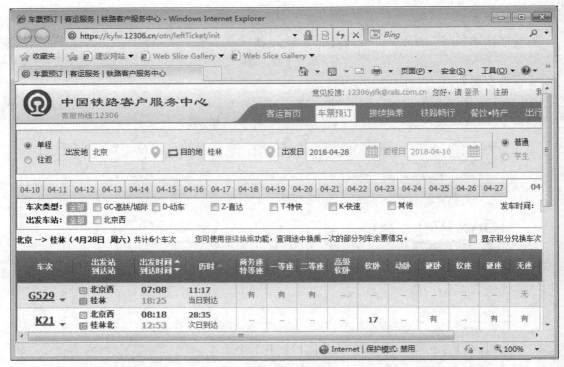

图 3-26　查询北京到桂林的火车票

同样，查询桂林到北京的返程车票，查到 G422 次等车次，如图 3-27 所示。

（3）景点。

在百度知道输入"桂林自助游景点介绍"并检索。打开网页，查看景点，如图 3-28 所示。

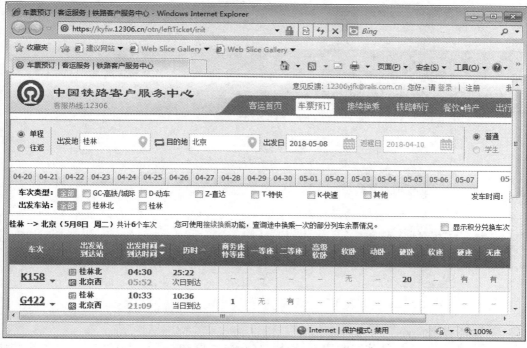

图 3-27　查询桂林到北京的火车票

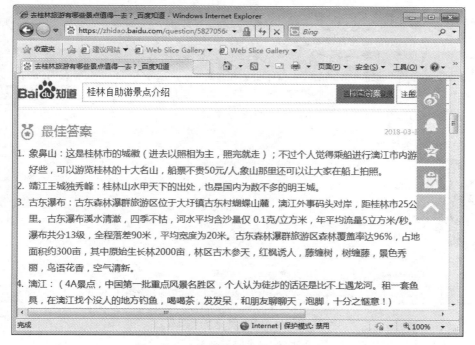

图 3-28　查询"桂林自助游景点介绍"

（4）桂林旅游线路。

在百度主页输入"桂林 2 日游线路"并检索，如图 3-29 所示。

图 3-29　查询"桂林 2 日游线路"

（5）桂林住宿酒店。

在携程网站检索"桂林住宿酒店"，选择"位置""价格"等进行查询，选择住宿酒店，如图 3-30 所示。

图 3-30　查询"桂林住宿酒店"

整理以上所查询到的信息，编写旅游计划书（略）。

第 4 章　Word 文字处理实验

本章以微软公司的 Office 办公软件套装中的 Word 2010 软件为例，介绍文字处理的各种基本操作，掌握对文字进行一般处理和高级处理的方法。

4.1　基本操作

基本操作 1　用模板创建文档

【实验目的】

1. 掌握 Microsoft Word 2010 文档的打开和创建操作。
2. 掌握 Microsoft Word 2010 文档模板的使用方法。
3. 掌握文档的"保存"操作和"另存为"操作。

【实验内容】

使用 Word 2010 主页中的"样本模板"，创建一个原创简历文档，并在"目标职位"下输入"办公秘书"，将文档保存在 D:\study\doc 路径下，文档名为 400101.docx。

【实验步骤】

（1）打开文档。

单击"开始"按钮，打开 Windows 的"开始"菜单，选择"所有程序"，从展开的菜单中选择 Microsoft Office 程序组的 Microsoft Word 2010（也可双击桌面上的 Word 2010 图标），打开 Word 2010，进入 Word 文字编辑界面，如图 4-1 所示。

图 4-1　通过"开始"菜单的"所有程序"打开 Word 2010 软件

（2）选择模板。

①打开 Word 2010 软件后，选择"文件"菜单中的"新建"命令，在标题为"可用模板"的中间窗格的上部，选定"主页"区域中的"样本模板"。

②拖动其右侧的垂直滚动条下拉，找到"原创简历"模板并选中，然后单击窗口右下方的"创建"按钮，即可创建该模板的文档，如图 4-2 所示。

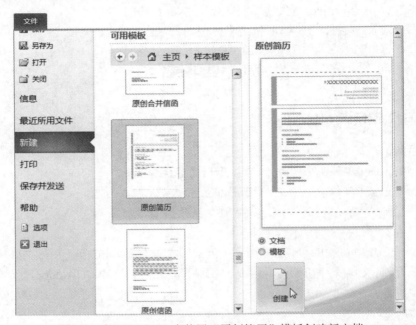

图 4-2 在 Word 2010 中使用"原创简历"模板创建新文档

注意： 在"创建"按钮上方，要保持选定"文档"单选项不变。因为这是借用系统的模板来创建文档，而不是用系统的模板创建新的模板。

（3）输入文字并保存。

①正确执行上述操作后，将按照"原创简历"模板打开一个新的文档，此时，选定"目标职位"下方的文本框，则该文本框自动转入编辑状态，如图 4-3 所示。

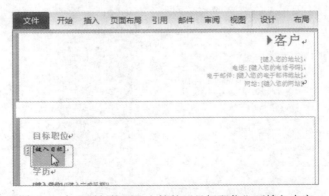

图 4-3 在"原创简历"文档的"目标职位"下输入内容

②输入文字"办公秘书"，然后在空白处单击。

③单击 Word 2010 标题栏中的"保存"图标（🖫），或者打开"文件"菜单，选择"另存为"菜单项，打开"另存为"对话框，在左侧的导航窗格中选定路径 D:\study\doc，在对话框下方"文件名"右侧的文本框中输入文件名 400101，然后单击"保存"按钮。

注意，文件名也可输入为 400101.docx，但不要写成 400101。docx。

基本操作 2　移动、复制和删除操作

【实验目的】

1. 了解 Word 2010 软件的基本编辑方法，包括输入文字、移动光标插入点、更改文字等。
2. 掌握在 Word 中用鼠标拖动法移动/复制文字的方法。
3. 掌握在 Word 中用菜单命令及快捷键的方式移动/复制文字的方法。
4. 掌握删除文字的各种方法。

【实验内容】

打开文档 D:\study\doc\400102.docx，按如下要求进行操作，完成后要保存文档。

（1）将包含文字"湛江——中国大陆……"的一段内容移动至第 6 行（包含"满城绿树婆娑"的行）下方，使其单独成为第 7 行。

（2）将"满城绿树婆娑"改为"满城绿影婆娑"。

（3）将"白云悠远"及"轻涛如雪"所在的行删除。

（4）在最后一行之后新增一空白行，将"每一次心动……"所在的行复制到最后新增的空行上。

【样文】

本实验的编辑结果如样例 4-1 所示。

```
三面大海相拥

四季花开如春

一带银沙如玉

满城绿影婆娑

湛江——中国大陆最南端的一首海上田园诗

每一个细节都值得玩味

每一次心动都因为她美

每一次心动都因为她美
```

样例 4-1　移动、复制和替换操作样例

【实验步骤】

（1）移动文字。

在 Word 2010 中打开指定的文档，选中包含文字"湛江……"所在的段落。然后按下述两种操作之一进行：

①拖动所选中的文字，拖动到第 6 行的行首位置，再松开鼠标，以实现文本内容的移动。注意观察拖动时鼠标指针的形状（空心箭头右下方为一虚线框）以及新插入点指示器（┊）的位置，如图 4-4 所示。

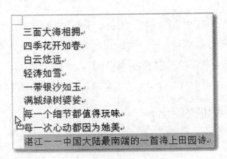

图 4-4　用鼠标拖动法移动文字内容，注意鼠标指针下的空心框

②选中文字后，按 Ctrl+X 组合键（也可选择右键菜单中的"剪切"菜单命令），将第 9 行的内容剪切到剪贴板。然后单击第 6 行的行首以移动光标插入点，按 Ctrl+V 组合键（也可选择右键菜单中的"粘贴"菜单命令），将剪贴板中的内容粘贴到此处。

（2）录入文字内容。

按样例 4-1 中的内容录入文字，设置文字字体为宋体、字号为小四号，行距为 1.15 倍的多倍行距，段后 10 磅。

（3）更正文字内容。

将光标插入点定位到第 6 行倒数第 3 个字的后面，按退格键（Backspace 键）删除"树"字，输入"影"字以替换。也可选中"树"字后，直接输入"影"字进行替换。

（4）插入空行，复制文字到空行。

在最后一段文字之后按 Enter 键，将在文本末尾新建一个空行。然后选中"每一次心动……"所在的整行，之后，可按下述两种操作之一进行：

①一手按下 Ctrl 键不放，另一手按住鼠标左键并拖动所选中的段落到文本末尾空行行首的位置，在拖动时注意观察鼠标指针的形状（空心箭头右下方多一个有"+"号的小方框）以及新插入点指示器的位置。再同时松开 Ctrl 键及鼠标左键，以实现文本内容的复制，如图 4-5 所示。

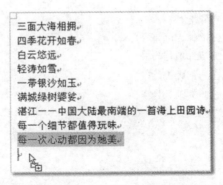

图 4-5　用鼠标拖动法复制文字内容，鼠标指针下框中有"+"号

②选中文字后，按 Ctrl+C 组合键（也可选择右键菜单中的"复制"命令），将此行的内容复制到剪贴板。然后移动光标插入点到新行的行首，按 Ctrl+V 组合键（也可选择右键菜单中的"粘贴"命令），将剪贴板中的内容粘贴到此处。

操作完毕，保存文档并退出 Word 2010。

基本操作 3　插入特殊符号和插入公式

【实验目的】

1. 掌握在 Word 文档中录入文字的操作。

2. 掌握使用 Word 的插入符号功能插入特殊符号的操作。

3. 掌握在文档中插入数学公式的操作。

【实验内容】

使用 Word 2010 新建一个空白文档，录入样例 4-2 中的文字内容，并插入特殊符号，在最后一段插入数学公式。然后将文档保存为 D:\study\doc\400103.docx。

【样文】

本实验的效果如样例 4-2 所示。

样例 4-2　插入特殊符号

【实验步骤】

（1）建立文档。

打开 Word 2010 软件，将自动启动一个空白文档，先将其另存到 D:\study\doc\路径下，文件名为 400103.docx。

（2）录入文字内容。

按样例 4-2 的内容录入文字，先跳过特殊符号直接输入文字内容。设置第一段文字为隶书，小三号字体，居中对齐。正文文字左对齐。

（3）插入特殊符号。

①将光标插入点定位于第二段开头第 1 个字的前面，然后单击"插入"选项卡中的"符号"按钮，从下拉菜单中选择"其他符号"，如图 4-6 所示。

②此时将打开"符号"对话框，选择"符号"选项卡，在上部"字体"下拉选择框中选择 Wingdings 字体，然后单击"字符代码"右侧的文本框，输入 171，保持其右侧"来自"下拉列表框的内容为"符号（十进制）"不变，如图 4-7 所示。最后单击"插入"按钮，插入第 1 个特殊符号"★"。

③此时，不要退出"符号"对话框，在正文中将光标插入点定位于第三段开头第 1 个字的前面，回到"符号"对话框中，输入字符代码 181，插入第 2 个符号"✿"。

④不关闭"符号"对话框，在正文中将光标插入点定位于第二段最末的字符"A"的前面，

回到"符号"对话框，选择字体为 Symbol，输入字符代码为 206，插入集合"属于"符号"∈"。

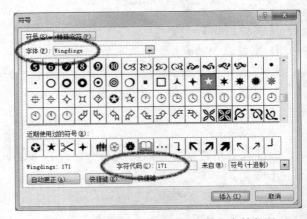

图 4-6　插入符号时，选择"其他符号"项　　　图 4-7　插入特殊符号，选择字体与字符代码

⑤在正文中将光标插入点定位于第三段最末的字符"A"的前面，回到"符号"对话框，保持字体为 Symbol，输入字符代码为 207，插入集合"不属于"符号"∉"。

现在，关闭"符号"对话框。

（3）插入数学公式。

①将光标插入点置于最后一行，单击"插入"→"符号"→"公式"命令，即在当前位置插入一个公式输入框（如果单击"公式"下方的下三角按钮，则从展开的菜单中选择"插入新公式"菜单命令，结果与此相同），并且在菜单栏出现"公式工具"→"设计"关联选项卡，如图 4-8 所示。其中在"结构"组中都是各种数学公式的模板结构，方便我们通过它来建立公式。

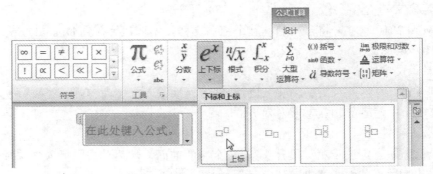

图 4-8　公式工具设计选项卡及数学公式的结构设计模板

②在公式编辑框中先输入"$y=$"，然后单击"公式工具"→"设计"→"结构"→"分数"图标按钮，从展开的菜单中选择"分数（竖式）"按钮，则插入了一个分数式的模板，上下为两个虚框。单击下方分母部分的虚框，先输入"$+$"号。将光标定位于"$+$"号前，单击"e^x上下标"模板，从展开的菜单中选择"下标"模板，即在文档中插入了该模板。在大框中输入"x"，在小框中输入"1"，即为"x_1"。用同样的方法在"$+$"号后输入"x_2"。

③单击上方分子部分的虚框，从结构模板中选择"$\sqrt[n]{x}$根式"，在展开的根式菜单中选择

"平方根"，插入平方根模板。先选中其内的虚框，输入"＋"号，再将光标定位于"＋"号前，从结构模板中选择"上下标"→"下标－上标"模板，然后按与前述相同的方法插入"x_1^2"。光标定位于"＋"号后，再次选择"上下标"→"下标－上标"模板，按同样的方式输入"x_2^2"。

④最后在文档空白处单击，结束数学公式的输入。如果需要修改，可单击公式的某一部分，自动进入公式的编辑状态，继续修改。

⑤全部编辑完毕后，保存文档，退出 Word 程序。

基本操作 4　插入分隔符

【实验目的】

1. 了解 Word 2010 中各种分隔符的作用。
2. 掌握在 Word 2010 中插入自动换行符的方法。
3. 掌握在 Word 2010 中插入连续分节符的方法。
4. 掌握在 Word 2010 中插入分页符的方法。

【实验内容】

打开文档 D:\study\doc\400104.docx，按如下要求进行操作。完成后要保存文档。

（1）在文档第二段中的"渐渐演变成今日的桑巴。"后插入一个自动换行符。

（2）在文档第四段前面插入一个连续分节符。

（3）在最后一段前插入一个分页符。

【实验步骤】

（1）插入自动换行符。

用 Word 2010 软件打开指定的文档，将光标定位于第二段中的"渐渐演变成今日的桑巴。"之后，单击"页面布局"→"页面设置"→"分隔符"命令，从展开的下拉菜单中选择"自动换行符"。此时，光标插入点之后的内容自动换到下一行，但此处出现的不是回车符标志"↵"，而是自动换行符标志"↓"。

（2）插入连续分节符。

将光标定位于第四段文字之前，单击"页面布局"→"页面设置"→"分隔符 ▤"命令，从展开的下拉菜单中选择分节符区域的"连续"命令，这样就插入了一个连续分节符。

插入连续分节符后，在屏幕显示上似乎没有任何变化，但可通过状态栏的信息来间接地查看。将光标放在状态栏后右击，从打开的"自定义状态栏"快捷菜单中勾选"节"。这样，状态栏将显示节的信息。比如光标置于第三段，状态栏显示"节 1"，将光标移动至第四段，状态栏节的显示的信息变为"节 2"，即代表在第四段前已插入了一个分节符。

也可单击"文件"→"选项"→"显示"命令，打开"Word 选项"对话框，在其"显示"区域勾选"显示所有格式标记"复选项，如图 4-9 所示。单击"确定"按钮返回到文档，即可看到连续分节符的标记"＝＝＝分节符(连续)＝＝＝"。若想删除分节符，可将其选中并按 Delete 键删除即可。

（3）插入分页符。

将光标定位于最后一段第 1 个字之前，单击"页面布局"→"页面设置"→"分隔符"

→"分页符"命令，即插入了一个分页符，之后的文字内容已移动至下一页。也可按 Ctrl+Enter 组合键快速在当前光标位置处插入分页符。

图 4-9　在 Word 选项菜单中设置"显示所有格式标记"项

（4）保存并关闭文档。

基本操作 5　边框与底纹

【实验目的】

1. 了解边框与底纹对美化 Word 文档的意义和效果。
2. 掌握为文字或段落添加边框的方法。
3. 掌握为文字或段落添加底纹的方法。

【实验内容】

打开文档 D:\study\doc\400105.docx，按如下要求进行操作。完成后要保存文档。

（1）对文档第五段添加边框和底纹，边框为带有阴影的红色双实线，宽度为 0.5 磅，底纹为浅色下斜线的图案样式，图案颜色为"水绿色，强调文字颜色 5，淡色 40%"。边框和底纹均应用于段落。

（2）为文档最后一段设置边框和底纹：线条宽度为 0.75 磅，颜色为标准色—浅蓝色，双波浪线边框，底纹为自定义颜色（红色 255，绿色 255，蓝色 153）。边框和底纹均应用于段落。

【样文】

对于边框与底纹的设置如样例 4-3 所示。

> 　　一般性艺术体操结合队形的变化，可进行集体表演，也可作为普及性的比赛内容。这些练习可以广泛地在大、中、小学中开展，因为它不受场地器械的限制，灵活性强。
>
> 　　如今，中国不少地区已把艺术体操列入体育教学内容中，成为体育教育的一种手段和开展课外活动的内容之一。

样例 4-3　边框与底纹的样例

【实验步骤】

（1）对第五段设置边框与底纹。

在 Word 2010 中打开指定的文档，选定文档的第五段，单击"开始"→"段落"→"边框和底纹 ▼"命令，在展开的下拉菜单中选择"边框和底纹"菜单项，打开"边框和底纹"对话框。

在"边框"选项卡中，先在"样式"列表框中选择双实线，然后选定"颜色"为标准色—红色，"宽度"为"0.5 磅"，再单击左边"设置"列中的"阴影"图标，可以在预览中观察边框的效果，如图 4-10 所示。

图 4-10　在"边框与底纹"对话框中设置边框

然后单击"底纹"标签，设置底纹。选择底纹图案样式为"浅色下斜线"，图案颜色（注意不是填充颜色）为"主题颜色"调色板的第 9 列第 4 行的样本颜色，光标指向时会有提示信息"水绿色，强调文字颜色 5，淡色 40%"。设置"应用于"为"段落"，如图 4-11 所示，然后单击"确定"按钮，结束设置。

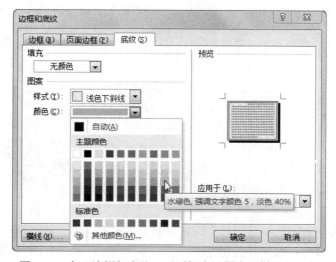

图 4-11　在"边框与底纹"对话框中设置底纹样式与颜色

（2）对最后一段设置边框与底纹。

与上一步骤相似，先打开"边框和底纹"对话框，在"边框"选项卡中选择"样式"为双波浪线，颜色为标准色－浅蓝色，线条宽度为0.75磅，再单击左边"设置"列中的"方框"图标，设置双波浪线型外框。选择"应用于"为"段落"。

再打开该对话框的"底纹"选项卡，单击"填充"区的下拉选择框，从调色板菜单中单击"其他颜色"菜单命令，打开"颜色"对话框。在该对话框中，单击"自定义"标签页，从下方数值调整组合框中设置红色值为255、绿色值为255、蓝色值为153，并保持颜色模式为RGB，如图4-12所示。单击"确定"按钮，返回到"边框和底纹"对话框。

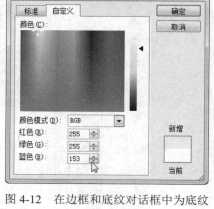

图4-12　在边框和底纹对话框中为底纹
设置自定义颜色

此时，设置"应用于"为"段落"，单击"确定"按钮完成设置。

（3）保存并关闭文档。

基本操作6　应用"样式"

【实验目的】

1. 了解"样式"在Word文档中所起的作用。

2. 掌握为文字或段落设置快速样式的方法。

3. 掌握自定义新样式的方法。

4. 掌握将自定义样式应用于文字或段落的方法。

【实验内容】

打开文档 D:\study\doc\400106.docx，按如下要求进行操作。完成后要保存文档。

（1）将第一段文字设置为副标题的快速样式。

（2）建立一个名称为"交响乐"的新样式。新建的样式类型段落，样式基于正文，其格式为：标准色－蓝色、中文字体为隶书、西文字体为Candara、三号字体、加粗，字符间距加宽2磅；对齐方式居中，1.5倍行距；将该样式应用到文档第四段。

【实验步骤】

（1）使用快速样式。

用 Word 2010 软件打开指定的文档，选中文档的第一段文字。单击"开始"→"样式"→"其他▼"按钮，展开样式菜单，从中选定"副标题"样式即可。

（2）建立"交响乐"新样式。

选中第四段（或光标置于第四段中的某一位置），单击"开始"→"样式"→"窗口启动器▣"按钮，打开"样式"对话框，如图4-13所示。

图4-13　"样式"对话框

单击"样式"窗口中的"新建样式"按钮，打开"根据格式设置创建新样式"对话框，将该样式的名称改为"交响乐"，将"样式类型"设置为"段落"，"样式基准"设置为"正文"，如图4-14所示。

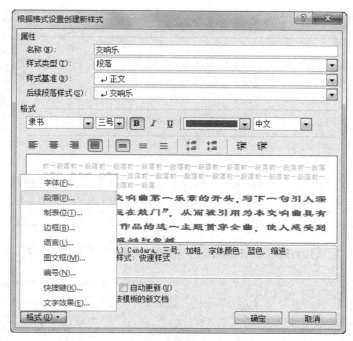

图 4-14　"根据格式设置创建新样式"对话框

　　然后单击"格式"按钮，从展开的上拉菜单中选择"字体"，打开"字体"对话框，在"字体"标签页中设置中文字体为"隶书"，西文字体为 Candara，字号为"小三号"，字形为"加粗"，字体颜色为"蓝色"。在"高级"选项卡中设置字符间距为"加宽"，将之后的"磅值"修改为"2 磅"，单击"关闭"按钮，关闭"字体"对话框。

　　再单击"格式"按钮，打开"段落"对话框，在"缩进和间距"选项卡中设置对齐方式为"居中"，在"间距"区域的"行距"下拉列表框中选择"1.5 倍行距"，单击"关闭"按钮，关闭"段落"对话框。

　　此时返回到"根据格式设置创建新样式"对话框，单击"确定"按钮，关闭此对话框，则第四段的样式设置为"交响乐"的自定义样式。

　　（3）保存文档，退出 Word 2010 软件。

4.2　实验案例

实验 1　文字的基本编辑

【实验目的】

1. 掌握 Word 文档的创建、输入、删除、修改、关闭等基本操作。
2. 掌握特殊符号的插入方法。
3. 掌握字体、字形、字号以及各种文字效果的设置方法。
4. 了解中文全角、半角的区分。
5. 掌握中英文标点符号的输入。

6. 了解制表符的作用，掌握其使用方法。

【实验内容】

（1）文档的新建、保存、打开、关闭操作。

（2）数字、中英文文字、标点符号的输入。

（3）中文全角、半角的区分。

（4）特殊符号的输入。

（5）设置自动更正符号。

【样文】

使用 Word 2010 编辑如样例 4-4 所示的文档，将文档保存在 D:\study\doc\路径下，文件名为 400201.docx。

Microsoft Word 的字体设置与符号的录入

使用 Microsoft Word 文档可以设置各种字体，比如**黑体**、**隶书**、幼圆、楷体、仿宋体等，还可设置*倾斜*、**加粗**等字形。可以加<u>下划线</u>、<u>双下划线</u>、<u>波浪式下划线</u>等下划线类型，可以加着重号、~~删除线~~、~~双删除线~~等效果。可输入上下标，如"$a^2+b^2=c^2$""H_2O"等。

在编辑 Word 文档中，我们常会遇到一些键盘上没有标出的特殊符号，如求和符号"Σ"，圆周率符号"π"，温度单位"℃"、欧元符号"€"等。那么，怎样才能快速方便地输入这些符号呢？

可以使用以下几种方法：

输入方法　优点　　　　　　　　　缺点
插入符号法 符号丰富，可多次插入　查找特定符号不方便
软键盘法　 分类清晰，插入方便　数量有限，只限中文符号
自动更正法 输入快速，可自定义　数量少，需要记忆

在输入特殊符号时，要注意以下几点：

（1）标点符号：如逗号"，"、顿号"、"、货币符号"￥"、省略号"……"等。在输入标点符号时，要注意中/英文符号的状态，可查看任务栏的输入法指示标志。中/英文的许多符号是有明显区别的，如中文的句号为"。"，而英文的句号为"."；中文的为货币符号为"￥"，而英文的货币符号为"$"。

（2）全角/半角：全角是指一个符号占用两个标准英文字符的位置，而半角是指一个符号占用一个标准英文字符的位置。例如"3a+4b=5"是在半角的状态下输入的，而"３ａ＋４ｂ＝５"则是在全角的状态下输入的。

样例 4-4　文字基本编辑样例

其中，标题为四号字体，居中，其他部分为五号字，首行缩进 2 字符。第五段至第八段的中文文字为仿宋体，其他文字除特殊标出的以外，中文字体为"宋体"，西文字体为 Times New Roman。

【实验步骤】

（1）建立文档。

单击"开始"按钮，打开 Windows 的"开始"菜单，选择"所有程序"，从展开的菜单中

选择 Microsoft Office 程序组的 Microsoft Word 2010（参考图 4-1，也可双击桌面上的 Word 2010 图标），打开 Word 2010，进入 Word 文字编辑界面。

（2）输入文本。

选择一种自己熟悉的中文输入法，先将文本内容录入，然后在必要的时候切换到英文输入法输入字母、数字及逗号等半角符号。

（3）设置字体格式。

字体、字型、字号及各种特殊效果可在"开始"选项卡的"字体"区域中设置，或者单击"字体"区域的"📇"图标按钮，打开"字体"对话框进行详细的设置。"字体"对话框如图 4-15 所示。

（4）中英文标点符号的输入。

英文常见的标点符号可通过键盘直接输入，中文的符号可在中文输入法中的"中文标点符号"状态下输入，如顿号（、）可按"\"键、人民币符号（￥）可按"$"键、省略号（……）可按"^"键、破折号（——）可按"_"键等。通常中文输入法的小窗口中有中英文标点符号切换键，如图 4-16 所示。

图 4-15　"字体"对话框　　　　图 4-16　中文输入法功能按钮的作用

（5）全角/半角符号的输入。

在中文输入法下，可按 Shift+Space 组合键或单击输入法小窗口中对应的切换图标转换全角和半角状态。全角状态该图标显示"●"，半角时显示"☽"。

（6）其他符号的输入。

单击"插入"→"符号"→"其他符号"命令，打开"符号"对话框，从中查找并选择所需的字符，再单击"插入"按钮，即可插入特殊符号。

（7）自动更正法输入特殊符号。

在 Word 2010 中，输入"(c)"可自动转换为"©"符号，输入"==>"可自动转换为"➔"符号，输入"-->"可自动转换为"➔"符号，等等。可以查看或自定义 Word 的这种转换关系。

比如，我们想将输入的"^*^"字符串转换为"★"符号，可单击"文件"→"选项"命令，打开"Word选项"窗口，从中进一步单击"校对"→"自动更正选项"按钮，打开"自动更正"对话框。

在此对话框中，选定"自动更正"标签，浏览替换列表可查看替换关系。若要自定义新的替换关系，则在"替换"下方的文本框中输入替换前的字符串，如"^*^"，在"替换为"下方的文本框中输入替换后的字符串，如"★"，然后单击"替换"按钮，将其添加到替换列表中，如图4-17所示。可继续添加或删除这些替换关系。

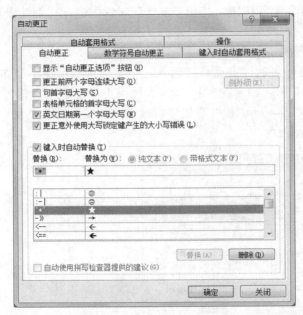

图4-17　在"自动更正"对话框中，设置字符串与字符的替换关系

设置完成后，依次单击"确定"按钮关闭所有对话框，即可在文档中使用了。

全部输入及格式设置完成后，单击保存按钮"🔲"，保存并关闭文档。

【说明】

Word 2010中常用的快捷键如表4-1所示。

表4-1　Word 2010中常用的一些快捷键

按键	功能	按键	功能	按键	功能	按键	功能
Ctrl+B	加粗	Ctrl+L	左对齐	Ctrl+F	查找	Ctrl+K	超链接
Ctrl+I	倾斜	Ctrl+R	右对齐	Ctrl+H	替换	Ctrl+S	保存
Ctrl+U	下划线	Ctrl+E	居中	Ctrl+G	定位	Ctrl+P	打印

实验2　插入项目符号和编号

【实验目的】

1. 掌握插入项目符号的操作。

2. 掌握插入编号的操作。

3．掌握设置编号格式的操作。

【实验内容】

打开文档 D:\study\doc\400202.docx，按如下要求进行操作。完成后要保存文档。

（1）对文档表格左半部第二段至第四段文字插入项目符号，符号字体为 Wingdings 2，字符代码为 217，字体颜色为标准色－红色字体，符号值来自十进制，增加缩进量一次。

（2）为表格右半部第二段至第五段文字插入项目编号，编号样式为"甲，乙，丙…"，字体颜色为标准色－蓝色，增加缩进量一次，并将其起始编号值设置为"乙"。

（3）对文档最后五个段落添加项目编号，格式为"第一阶段，第二阶段，第三阶段，……"，编号对齐方式为左对齐，字体为黑体。

【样文】

给文字内容插入项目符号和编号的结果如样例 4-5 所示。

计算机病毒与计算机黑客

计算机病毒的分类如下：	常见病毒包括：
✱　文件型病毒 ✱　网络型病毒 ✱　复合型病毒	乙.　宏病毒 丙.　特洛伊木马 丁.　蠕虫病毒 戊.　恶性程序代码

黑客的起源主要分为以下几个阶段：

第一阶段　20 世纪 50 年代。这些黑客主要目的是解决各种计算机难题。
第二阶段　20 世纪 60 年代。黑客是指善于独立思考且奉公守法的计算机爱好者。
第三阶段　20 世纪 70 年代。这一时代的黑客被看做是计算机史上的英雄。
第四阶段　20 世纪 80 年代。黑客开始分化，一部分黑客则开始入侵各大计算机网络。
第五阶段　本世纪至今。种类很多，有些有善意；有些则窃取信息、破坏系统。

样例 4-5　插入项目符号和编号

【实验步骤】

（1）为表格左侧内容插入项目符号。

①在 Word 2010 中打开指定的文档，选中文档表格左侧内容的第二段至第四段，然后单击"开始"选项卡中的"项目符号"图标（⊞ ˅）右侧的下三角按钮（▼），打开"项目符号库"菜单，单击最后一项菜单命令"定义新项目符号…"，打开"定义新项目符号"对话框，如图 4-18 所示。

②在此对话框中，单击"符号"按钮，打开"符号"对话框，选择字体为 Wingdings 2，然后在下方"字符代码"右侧的文本框中输入 217，注意保持右下角"来自"旁边的下拉选择框值为"符号（十进制）"不变。单击"确定"按钮，如图 4-19 所示。

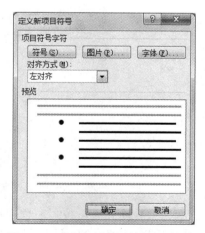

图 4-18　"定义新项目符号"对话框

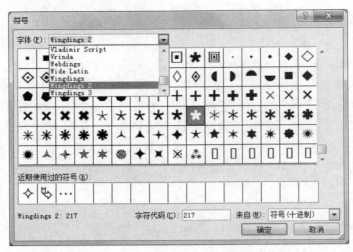

图 4-19　在"符号"对话框中选择字体集和字符

③此时，返回到如图 4-18 所示的"定义新项目符号"对话框，在其中单击"字体"按钮，打开"字体"对话框，选择字体颜色为标准色－红色，单击"确定"按钮返回到"符号"对话框，再单击"确定"按钮，则为选定的内容插入了项目符号。

（2）插入编号。

编号是有序的数字、字母或汉字序号的格式。为文字插入编号的方法如下：

在文档表格右侧中选中第二段至第五段的文字，单击"开始"选项卡中的"编号"图标（☰ ▾）右侧的下三角按钮（▼），打开"编号库"菜单，单击倒数第二项菜单"定义新编号格式"命令，打开"定义新编号格式"对话框，如图 4-20 所示。

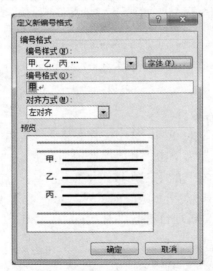

图 4-20　在"定义新编号格式"对话框中设置编号样式和格式

从"编号样式"下拉列表框中选定"甲，乙，丙 …"样式，然后在其下方"编号格式"文本框中的灰色背景的"甲"字后面加上小圆点，注意不要删除该字本身，也不要在此文本框中直接输入"甲"字。

此时，再单击"字体"按钮，打开"字体"对话框，设置字体颜色为标准色—蓝色，加粗，再返回到此对话框，单击"确定"按钮，返回到文档，则对文档选定的段落设置了指定格式的编号。

（3）更改起始编号值。

继续选中文档表格右侧第二段至第五段的文字（也可将插入点光标置于表格右侧第二段的第一字符前），选择右键菜单中的"编号"→"设置编号值…"，打开"起始编号"对话框，如图 4-21 所示。设置"值设置为"为"乙"，再单击"确定"按钮，完成起始编号值的更改。

图 4-21　在"起始编号"对话框中设置编号的起始值

（4）设置"第一阶段"格式的编号。

选中文档最后五段的文字，然后同步骤（2），为其插入编号。在"定义新编号格式"对话框中，下拉选择编号样式为"一，二，三（简）…"，选择编号格式为"一"，并在"一"之前插入"第"字，在其后插入"阶段"二字。单击"字体"按钮，设置其为黑体，文字颜色为黑色。单击"确定"按钮两次，完成格式的设置。

如果设置完毕，最后五段内容向右缩进，则继续选中这五段文字，单击"开始"→"段落"对话框启动器，打开段落对话框，设置左缩进为 0，悬挂缩进为 6 字符。

（5）最后保存并关闭文档。

【说明】

在 Word 2010 中，"项目符号"与"符号"是不同的概念，"项目符号"是对段落起作用的，显示在段落的前面，不能单独选中项目符号本身；而"符号"被视为文档中的单独的字符，与段落无关，可以用单独选中。另外，插入项目符号是在"开始"选项卡中的，而插入"符号"是在"插入"选项卡中的。

实验 3　插入多级列表

【实验目的】

1. 掌握插入多级列表的操作。

2. 掌握插入编号的操作。

3. 掌握设置编号格式的操作。

【实验内容】

打开文档 D:\study\doc\400203.docx，按如下要求进行操作。完成后要保存文档。

（1）对第二段及其之后段落的内容设置多级列表，要求：

①一级编号位置为左对齐，对齐位置为 0 厘米，文本缩进位置为 0 厘米，颜色为标准色—紫色。

②二级编号位置为左对齐，对齐位置为 1 厘米，文本缩进位置为 1 厘米，颜色为标准色——蓝色。

【样文】

给一个节目单插入多级列表的最终结果如样例 4-6 所示。

节目单

1. 花儿与少年
 A. 表演者：燕山舞蹈队
 B. 编舞：漫雪
2. 春之歌
 A. 表演者：甜甜，小蜜
 B. 编舞：紫蝶

样例 4-6　插入多级列表的效果

【实验步骤】

（1）插入多级列表。

在 Word 2010 中打开指定的文档，选中文档第二段至最后一段，然后单击"开始"选项卡"段落"组中的"多级列表"图标（🔽）右侧的下三角按钮（▼），打开"多级列表"菜单，单击"定义新的多级列表…"菜单命令，打开"定义新多级列表"对话框，如图 4-22 所示。

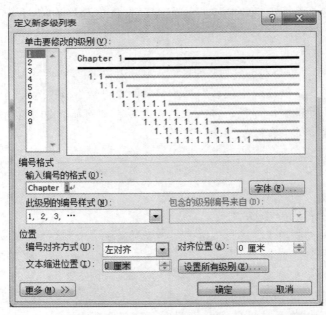

图 4-22　在"定义新多级列表"对话框中设置多级列表格式

在"定义新多级列表"对话框中，按如下步骤操作，以设置多级列表。

①设置级别 1 的格式。

首先在"单击要修改的级别"列表框中选定"1"，代表当前设置的是"级别 1"；然后在"编号格式"区域中的"此级别的编号样式"下拉列表框中选择"1, 2, 3, …"，此时在"输入编号的格式"下的文本框中将出现一个有灰色背景的"1"。

在"输入编号的格式"下的文本框中，将光标插入点置于背景为灰色的"1"的后边，插入一个半角的句号"."。注意不要将灰色背景的"1"删除。

在"位置"区域中，设置"对齐位置"为 0 厘米，"文本缩进位置"也为 0 厘米。

单击"字体"按钮，设置字体颜色为标准色—紫色。关闭"字体"对话框。级别 1 设置完成，但先不要关闭此"定义新多级列表"对话框。

②设置级别 2 的格式。

在前一步的操作的基础上，设置级别 2 的格式。在"单击要修改的级别"列表框中选定"2"，代表对"级别 2"的格式进行设置。单击"输入编号的格式"下的文本框，将其中原有的内容删除干净，然后在"此级别的编号样式"下拉列表框中选择"A, B, C, …"，此时在"输入编号的格式"的文本框中将出现一个有灰色背景的"A"。

与前述操作相同，将光标插入点置于背景为灰色的"A"的后边，插入半角的句号"."，同样注意要保留有灰色背景的"A"，不要误删除。

与前一步骤相同的方法，设置字体颜色为标准色—蓝色。最后关闭"定义新多级列表"对话框，即可看到选中的文字已被设置为级别 1 的多级列表格式。

（2）调整文字形成多级列表的形式。

选中要设置为级别 2 的段落（即"表演者"和"编舞"所对应的两行），按下述方法之一进行调整：

- 按 Tab 键。
- 单击"开始"→"段落"→"增加缩进量"按钮。
- 在右键菜单中选择"编号"→"更改编号级别"→"2 级"菜单命令。

对最后两行也进行同样的操作，最后保存并关闭文档。

实验 4　分栏排版

【实验目的】

1. 了解 Word 文档中分栏的作用。

2. 掌握在文档中对段落进行分两栏、偏左分栏、自定义分栏的操作。

3. 掌握在文档中设置分三栏、添加分隔线的操作。

【实验内容】

打开文档 D:\study\doc\400204.docx，按如下要求进行操作。完成后要保存文档。

（1）将文档第二段偏左分为两栏：第一栏宽度为"13 字符"、间距为"3 字符"，添加分隔线。

（2）对文档的第四段设置分栏，分为两栏，栏宽不相等，第一栏宽度为 10 个字符，第二栏宽度为 26 个字符。

（3）将文档最后一段（含文字"只有波涛汹涌……"）等宽分为三栏，添加分隔线。

（4）保存文档。

【实验步骤】

（1）第二段分栏。

打开文档，选定文档的第二段。单击"页面布局"→"分栏"→"更多分栏"命令，打开"分栏"对话框。

在此对话框中，先在"预设"区域中单击"左"图标将其选中，然后在第 1 栏的"宽度"文本框中将原数据改写为"13 字符"，将其后的"间距"文本框之值改为"3 字符"。注意不要修改第 2 栏的宽度之值。之后，再勾选"分隔线"复选框，如图 4-23 所示。

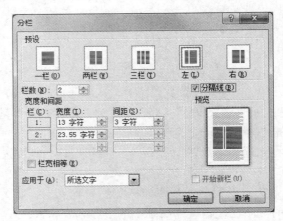

图 4-23　在"分栏"对话框中设置内容分栏

此时，单击"确定"按钮，完成第二段的分栏设置。

（2）第四段分栏。

选定文档的第四段，单击"页面布局"→"分栏"→"更多分栏"命令，打开"分栏"对话框。

先单击"两栏"图标将其选中，然后取消选中"栏宽相等"复选框，在第 1 栏的"宽度"文本框中，将原数据改写为"10 字符"，将第 1 栏的"宽度"之值改写为"26 字符"。注意"间距"文本框中的数值由系统自动填入，不要修改它。

单击"确定"按钮，完成第四段的分栏设置。

（3）最后一段分栏。

用鼠标拖动法选定文档的最后一段，一定要注意只选择最后一段的文字内容，不要选中最后一个回车符。

单击"页面布局"→"分栏"→"更多分栏"命令，打开"分栏"对话框。单击"三栏"图标将其选中，勾选"分隔线"复选框。

最后，单击"确定"按钮，完成最后一段的分栏设置。

（4）保存文档。

实验 5　修订与批注

【实验目的】

1. 了解 Word 文档中修订和批注的概念和意义。
2. 掌握在文档中接受修订、拒绝修订的操作。

3. 掌握为文档添加批注、编辑批注的操作。

4. 掌握统计文档（或选中内容）字数、字符数的方法和操作。

【实验内容】

打开文档 D:\study\doc\400205.docx，按如下要求进行操作。完成后要保存文档。

（1）对文档的两处修订进行操作，拒绝对文本删除的修订，接受增加文本的修订。

（2）打开修订功能，将文档第一段落的文字"圣积晚钟"使用简转繁工具设置为繁体字，将第五段中的文字"慈福院"设置为绿色隶书字体，小二号字，关闭修订功能。

（3）选定第三段（含文字"从清人谭钟岳"）并插入批注，批注内容为所选文本中的字符数（不计空格，例如文本的字符数为 80，批注内只需填 80）。

（4）保存文档。

【实验步骤】

（1）Word 2010 中修订和批注的含义。

说明：用户自己的文档由其他人（称为审阅者）使用修订功能进行修改后，将在文档中留下审阅者修改的痕迹。用户再次打开时，可以对每一条审阅者的修改做出接受或者拒绝的选择，这样将清除审阅者修改的痕迹。

对于审阅者在文档中插入的文字，Word 2010 将显示为有下划线的彩色文字；而删除的文字显示为有删除线的彩色文字。单击"审阅"→"修订"组中的"上一条"或"下一条"，将会依次选定这些彩色的文字。

（2）对修订进行操作。

在 Word 2010 中打开指定的文档，单击"审阅"→"更改"→"下一条"按钮，选中第一条审阅者修改的第一条彩色文字。第一条是新增的文字，所以单击"审阅"→"更改"→"授受"→"接受并移到下一条"命令，以接受审阅者的修改，如图 4-24 所示。

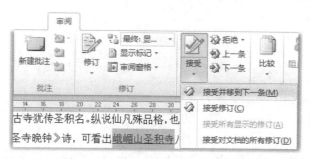

图 4-24　接受审阅者的修订，并移到下一条修订命令

此时将选中第二条审阅者修改的内容，单击"审阅"→"更改"→"拒绝"→"拒绝修订"，以取消审阅者对此处的修改，保留原内容。

（3）使用修订功能。

先单击"审阅"→"修订"→"修订"命令，使文档处于修订状态（"修订"图标按钮背景为桔黄色）。

选定文档第一段中的"圣积晚钟"，单击"审阅"→"中文简繁转换"→"简转繁"命令，将此文字由简体字转换为繁体字。

　　选定第五段中的文字"慈福院"，将其字体设置为"隶书"，字号为"小二"，颜色为"绿色"。

　　上述操作完毕后，再次单击"审阅"→"修订"→"修订"命令，使文档结束修订状态（"修订"图标背景为正常色）。

　　（4）插入段落字符数。

　　将文档第三段全部选中，单击"审阅"→"校对"→"字数统计"命令，将弹出"字数统计"对话框，如图4-25所示。将对话框中所显示"字符数（不计空格）"这一项的数据记住，关闭对话框。

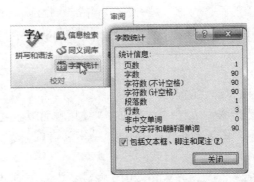

图4-25　用"字数统计"命令统计所选文字的字符数（仅示例，勿照搬）

　　此时，保持第三段为选中状态不变，单击"审阅"→"批注"→"新建批注"命令，Word将对此段落插入批注。在右侧出现的批注框中，输入刚才所查到的"字符数（不计空格）"数据。

　　在文档正文任意处单击，结束批注输入状态。

　　（5）最后保存当前的文档，退出 Word 2010 软件。

实验6　插入书签和超链接

【实验目的】

1. 了解书签的含义及作用。

2. 掌握在 Word 文档中插入书签的操作。

3. 掌握为文字设置超链接的操作，包括链接到网址、链接到本文档中的书签。

【实验内容】

打开文档 D:\study\doc\400206.docx，按如下要求进行操作。完成后要保存文档。

　　（1）选定文档第七段中的"不怕失败和不忘失败"，添加一个名为"失败是成功之母"的书签（不含标点符号）。

　　（2）选定文档中的文字"黄山"并插入超链接，其网页地址为 http://www.tourmart.cn/。

　　（3）选定文档中的文字"起点"并插入超链接，链接到本文档中的位置为文档顶端。

　　（4）为文档第一段文字插入超链接，链接名为"坚韧不拔"的书签。

【实验步骤】

　　（1）书签的含义及作用。

　　书签是文档中位置的一个标记。在通常编辑文档时书签不可见。可通过 Word 的定位功能来定位到文档中存在的某一书签处，也可为文档中的文字或图形对象设置超链接，链接到指定的书签位置。

（2）插入书签。

打开文档，选定文档第七段中的"不怕失败和不忘失败"文字，单击"插入"→"链接"→"书签"，打开"书签"对话框。在书签名下方文本框中输入书签内容"失败是成功之母"，然后单击"添加"按钮，则该书签插入成功，如图 4-26 所示。之后单击"关闭"按钮返回。

图 4-26　在"书签"对话框中添加书签

如果想查看当前文档中已有的书签，可再次打开"书签"对话框，在下方书签列表中将列出文档中当前已有的书签。

（3）插入网址超链接。

选中第五段中的文字"黄山"，单击"插入"→"链接"→"超链接"，打开"插入超链接"对话框，如图 4-27 所示。在"链接到"区域，选中"现有文件或网页"，然后在下方的"地址"文本框中输入要链接到的网址 http://www.tourmart.cn/。单击"确定"按钮。

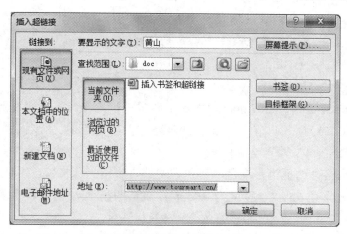

图 4-27　在"插入超链接"对话框中设置网页超链接

（4）插入本文档位置的超链接。

选中第八段中的文字"起点"，单击"插入"→"链接"→"超链接"，打开"插入超链接"对话框，如图 4-28 所示。在"链接到"区域，选中"本文档中的位置"，然后在对话框中部的"请选择文档中的位置"中选定"文档顶端"。单击"确定"按钮。

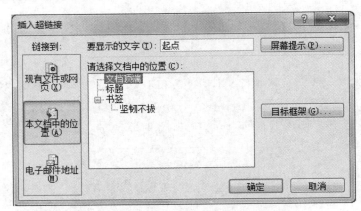

图 4-28　插入超链接，链接到本文档的顶端

（5）插入书签超链接。

选中第一段文字，单击"插入"→"链接"→"超链接"，打开"插入超链接"对话框。在"链接到"区域，选中"本文档中的位置"，然后在对话框中部的"请选择文档中的位置"中选定"坚韧不拔"。单击"确定"按钮。

最后保存当前的文档，并将其关闭。

实验 7　插入表格

【实验目的】

1. 了解表格的意义与作用。

2. 掌握在 Word 文档中插入表格的常用方法。

3. 掌握为表格设置边框与底纹格式的方法。

4. 掌握调整表格行高、列宽和设置表头等的方法。

5. 掌握合并单元格的方法。

【实验内容】

打开文档 D:\study\doc\400207.docx，按如下要求进行操作。完成后要保存文档。

（1）在文档第二行插入一个 6 列 5 行的表格，表格宽度 14 厘米，字体字号为默认。表格居中对齐，按照样例 4-7 输入文字内容。

（2）设置该表格外边框为标准色－蓝色、实线，宽度为 1.5 磅，内边框为单实线，颜色为"茶色，背景 2，深色 75%"，宽度为 0.25 磅；表格的第 1、2 行之间和第 3、4 行之间的水平分割线为 0.25 磅双实线，颜色为"茶色，背景 2，深色 75%"。

（3）第 1 行第 1 列按样例 4-7 设置表头，加对角线，其他文字内容均为水平及垂直居中对齐；第 1 行和第 1 列用颜色"橙色，强调文字颜色 6，淡色 80%"填充。

（4）"通识课"所在的位置设置合并单元格。

【样文】

使用 Word 2010 软件制作如样例 4-7 所示的课程表。

课程表					
星期 节次	星期一	星期二	星期三	星期四	星期五
1,2 节	普法	计算机	英语	学科讲座	专业基础
3,4 节	大学语文	专业基础	品德	计算机	品德
5,6 节	英语	通识课	大学语文	通识课	普法
7,8 节	体育		体育		社团活动

样例 4-7　"课程表"的排版效果

【实验步骤】

表格可以通过整齐规范的格式显示列表或数据清单，使数据井然有序，便于查找或比较，显示效果也整洁、美观。同时，表格中的数据还有一定的计算功能。

（1）插入表格。

用 Word 2010 软件打开指定的文档，光标定位于第二行开头，单击"插入"→"表格"命令，在展开的菜单中用鼠标拖动划过小方格的方法生成一个 6×5 的表格，即 6 列 5 行的表格（也可单击菜单中的"插入表格"命令，使用对话框来生成）。

然后单击表格左上角外侧的控制手柄"⊞"选中整个表格，在右键快捷菜单中选择"表格属性"命令，打开"表格属性"对话框。在该对话框中选择"表格"标签页，勾选"指定宽度"复选框，然后在其后的文本框中将宽度值改为"14 厘米"，对齐方式选择"居中"。单击"确定"按钮返回文档。

输入每一单元格的文字内容。首行首列单元格在"星期"和"节次"间加回车符。有合并单元格的地方先将文字输入在上方单元格，其下方单元格保留为空白。

（2）设置边框格式。

用同样的方式选定整个表格，从右键快捷菜单中选择"边框和底纹"命令，打开"边框和底纹"对话框，如图 4-10 所示。选择"边框"标签，先单击"设置"组的"无"图标，清除边框线，然后选择直线样式，颜色为"深蓝色"，宽度为"1.5 磅"，之后单击"方框"图标，设置表格的外框格式。

接下来，单击"预览"区域中的"水平中线"按钮和"垂直中线"按钮，在预览图中将中线清除。这两个按钮分别设置表格的水平内框线和垂直内框线。

继续保持样式为单直线，从调色板中选择"茶色，背景 2，深色 75%"，宽度设置为"0.25 磅"，再分别单击"水平中线"按钮"⊞"和"垂直中线"按钮"⊞"，设置表格的内线，最后确保应用于"表格"选项。设置好后，单击"确定"按钮返回表格。

选定表格的第 2 行和第 3 行。打开"边框和底纹"对话框，在"边框"选项卡中，先单击"预览"图中左列的上线图标"⊞"和下线图标"⊞"将预览图中的上下线清除，然后选择双实线样式，颜色为"茶色，背景 2，深色 75%"，宽度为"0.25 磅"，再单击预览图的上线和下线图标，给预览图加上双实线的上、下线。选择"应用于"为"单元格"，单击"确定"按钮返回文档。

（3）设置表头及文字格式。

选中整个表格中的文字，单击右键菜单中的"单元格对齐方式"→"水平居中≡"按钮，设置文字水平和垂直居中。

选中第 1 行第 1 列的"星期"两字，设置文字为右对齐，再选中"节次"两字，设置文字左对齐。然后只选中第 1 行第 1 列的单元格，从右键菜单中再打开"边框和底纹"对话框，在"边框"选项卡中，设置样式为单实线，颜色仍为"茶色，背景 2，深色 75%"，宽度为"0.25磅"，再单击"预览"区域中的对角线图标"◻"设置对角线。选择"应用于"为"单元格"，单击"确定"按钮返回文档。

选中第 1 行的全部文字，打开"边框和底纹"对话框，在"底纹"标签页中，设置底纹填充色为"橙色，强调文字颜色 6，淡色 80%"（参考图 4-11）。选择"应用于"为"单元格"，单击"确定"按钮返回。再选中第 1 列的第 2 行至第 5 行的文字，按照同样的方法设置同样的底纹颜色。

（4）合并单元格。

选中"通识课"所在的单元格及其下方相邻的单元格，在右键菜单中选择"合并单元格"命令进行单元格合并。同时再次设置文字为水平和垂直居中。

按同样的方法设置另一个"通识课"的合并单元格，以及其文字上下左右双居中的格式。

（5）最后保存文档，退出 Word 2010 软件。

实验 8　表格中使用公式

【实验目的】

1. 掌握插入表格的操作。
2. 掌握表格格式的设置。
3. 掌握表格中公式的使用。

【实验内容】

打开文档 D:\study\doc\400208.docx，按如下要求进行操作。完成后保存该文档。

（1）在首行居中位置输入"考试成绩表"，小三号，黑体字。在第 2 行居中位置制作如样例 4-8 所示的"浅色网格 – 强调文字颜色 5"的表格，其中行高为 0.7cm，列宽为 2cm；标题行文字加粗，所有单元格内容为水平和垂直居中。

（2）在最右列中用 Word 表格公式来计算每个人的总分，在最底行用同样的方法计算各科目的平均分。

（3）计算完毕后，将表格中的全部内容转换成以制表符为分隔符的文本形式，如下所示。

姓名	语文	数学	外语	总分
张三	79	91	84	254
李四	88	82	76	246
王五	67	76	90	233
平均分	78	83	83.33	244.33

【样文】

在表格中使用公式的结果如样例 4-8 所示。

考试成绩表

姓名	语文	数学	外语	总分
张三	79	91	84	254
李四	88	82	76	246
王五	67	76	90	233
平均分	78	83	83.33	244.33

样例 4-8　表格中使用公式

【实验步骤】

（1）创建表格。

打开指定的 Word 文档，设置全文格式为：中文为"宋体"，西文为 Times New Roman，五号字。各段落居中。

在第 1 行输入表格的标题"考试成绩表"，设置字体为"黑体"，字号为"小三号"。

光标插入点置于第 2 行，单击"插入"→"表格"→"插入表格…"，打开"插入表格"对话框，设置"表格尺寸"为 5 行 5 列，将"固定列宽"右侧组合框的内容清除，手动输入"2厘米"，如图 4-29 所示，然后单击"确定"。

图 4-29　在"插入表格"对话框中设置行数和列数

按样例 4-8 输入表格各单元格中的文字。

选中整个表格（或将插入点置于表格内任一单元格），单击"表格工具"→"设计"→"表格样式"右下方的"其他"按钮，展开"表格样式"菜单，如图 4-30 所示。

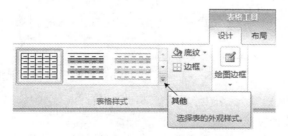

图 4-30　单击"其他"按钮，选择表格外观样式

在随后展开的表格样式菜单中，选中内置样式"浅色网格 – 强调文字颜色 5"。

（2）利用公式计算总分和平均分。

光标置于总分所在列（第 5 列）下的第 1 个空白单元格，单击"表格工具"→"布局"→"数据"→"公式"命令，打开"公式"对话框。在"公式"文本框中输入公式"=SUM(LEFT)"，如图 4-31 所示。单击"确定"，完成第一项总分的计算。

图 4-31　在"表格工具"→"布局"→"公式"对话框中设置计算公式

将光标依次置于第 3 行第 5 列、第 4 行第 5 列，按同样的方法计算其他人的总分。要注意，此时"公式"对话框的公式默认项为"=SUM(ABOVE)"，要将 ABOVE 替换成 LEFT。ABOVE 代表对此单元格之上的数据进行计算，而 LEFT 代表对其左边的数据进行计算。

下面计算各科平均分。将光标置于第 5 行第 2 列，继续按上述方法插入公式，但此时，默认公式函数 SUM 要替换成计算平均值的函数 AVERAGE，可以手工输入，也可先删除公式的内容"SUM("，然后单击"粘贴函数"下拉列表，选定 AVERAGE 函数，如图 4-32 所示。保证输入的公式为"=AVERAGE(ABOVE)"。

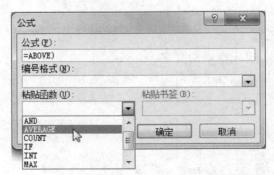

图 4-32　在"公式"对话框中选择求平均值的 Average 函数

其余的"平均分"空白单元格的计算方法与此相同。

（3）将表格内容转换成文本。

选定整个表格，单击"表格工具"→"布局"→"数据"→"转换为文本"命令，打开"表格转换成文本"对话框。选择文字分隔符为"制表符"，如图 4-33 所示。单击"确定"按钮。

图 4-33　"表格转换成文本"对话框

由结果可以看到，原表格消失，取而代之的是文本表示的数据。表格的各行由换行符分隔，各列之间由制表符分隔。

（4）全部做完后，保存并关闭文档。

实验 9　插入与设置图片

【实验目的】

1. 掌握在文档中插入来自文件中的图片的操作。

2. 学会对图片设置布局、调整图片大小、设置图片样式等操作。

3. 掌握设置图片环绕方式的操作。

【实验内容】

打开文档 D:\study\doc\400209.docx，按如下要求进行操作。完成后要保存文档。

（1）在文本第四段（含文字"湛江海湾大桥建成后"）前插入一幅名为 400209.jpg 的图片。

（2）设置图片对象布局的位置：相对于页边距，水平对齐方式为"居中"；文字环绕方式为：上下型文字环绕方式；图片大小为：高度绝对值为 5 厘米，宽度绝对值为 7.5 厘米（去掉"锁定纵横比"项）。

（3）设置图片样式为：居中矩形阴影。

【实验步骤】

在文档中适当的地方插入事先准备好的来自文件中的图片，或来自 Office 软件自带的剪贴画，可以使文档图文并茂，表达的信息更丰富，更能受读者的欢迎。有时图片可以表达文字难以叙述清楚的内容。

Word 2010 软件支持在文档中插入图片、剪贴画、由线条组成的形状、图表、屏幕截图、SmartArt 结构图等多种形式的图形、图表或图像。

（1）插入图片。

将光标定位在文本第四段文字"湛江海湾大桥建成后"的开头。单击"插入"→"图片"命令，打开"插入图片"对话框。在当前文档的路径下找到并插入图片 400209.jpg。

（2）设置图片格式。

单击选中图片，在"图片工具"关联选项卡中，单击"格式"→"自动换行"→"其他布局选项"命令，打开"布局"对话框。

在此对话框中，单击选中"文字环绕"标签，在"环绕方式"区域中选中"上下型"图标，表示图片与周围的文字是上下型的位置关系，图片左右没有文字。

再切换到"位置"选项卡，选中"对齐方式"单选按钮，然后在"水平"区域的"相对于"下拉列表中选中"页边距"选项，下拉选择其左侧"对齐方式"为"居中"，如图 4-34 所示。

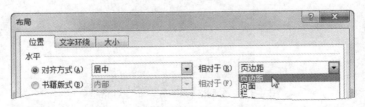

图 4-34　图片格式的布局中，设置"位置"水平对齐方式的参数

之后，再切换到"大小"选项卡。首先将"锁定纵横比"复选项取消选中，然后设置图片的高度为 5 厘米，宽度为 7.5 厘米。

单击"确定"按钮，完成图片格式的设置。

（3）设置图片样式。

继续保持选中图片，选择"格式"→"图片样式"→"其他"按钮，展开"图片样式"图片列表式菜单，如图 4-35 所示。将鼠标移动到每个小图标上，都会有其名称的提示信息。单击选中名称为"居中矩形阴影"的小图标，即可设置文档中当前图片的样式为指定的样式。

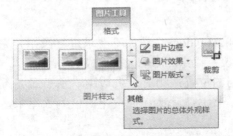

图 4-35　单击"其他"按钮，设置图片的外观样式

也可在"图片样式"框中单击上下滚动按钮来找到指定的样式。

（4）完成后，不要忘了保存并关闭文档。

实验 10　插入剪贴画和 SmartArt 图形

【实验目的】

1. 掌握在文档中插入剪贴画和 SmartArt 图形的操作。
2. 学会对剪贴画设置布局和样式等操作。
3. 掌握在 SmartArt 图形中添加或删除形状的操作。
4. 掌握设置 SmartArt 图形样式的操作方法。

【实验内容】

打开文档 D:\study\doc\400210.docx，按如下要求进行操作。完成后要保存文档。

（1）在文本第二段（含文字"计算机信息技术在近几十年"）的开头插入一幅剪贴画，

该剪贴画是在"剪贴画"窗格中通过关键词"计算机+职业"搜索到的第一张剪贴画。

　　（2）设置剪贴画对象布局的位置：四周型环绕，位置为相对于页边距的书籍版式的外部。贴画样式为：松散透视，白色。

　　（3）在最后一空白行处插入一个名为"层次结构"的 SmartArt 图形，其内容如样例 4-9 所示。将此 SmartArt 图形更改颜色为彩色范围 - 强调文字颜色 4 至 5，样式为三维 - 金属场景。

【样文】

本实验的 SmartArt 图形如样例 4-9 所示。

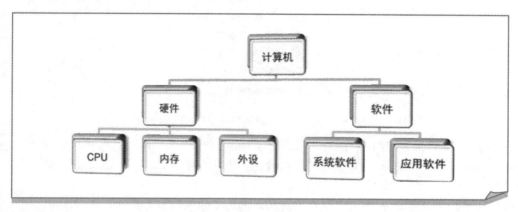

样例 4-9　创建 SmartArt 图形

【实验步骤】

　　（1）插入剪贴画。

　　用 Word 2010 软件打开指定的文档，将光标定位于第二段的开头。单击"插入"→"插图"→"剪贴画"图标命令，在中侧打开"剪贴画"窗格。

　　在该窗格中，在"结果类型"下拉列表框中只勾选"插图"复选框，然后在"搜索文字"文本框中输入文字"计算机+职业"，单击"搜索"按钮，则在下方列表框中将出现相关的剪贴画列表，如图 4-36 所示。

　　单击搜索剪贴画结果列表中的第 1 张剪贴画，即可将其插入到文档当前光标位置处。此后可关闭剪贴画窗格。

　　（2）设置剪贴画格式。

　　选中刚插入的剪贴画，从右键菜单中单击"大小和位置"命令，打开"布局"对话框。选中"文字环绕"选项卡，将环绕方式设置为"四周型"（此项也可通过上下文关联选项卡"图片工具"→"排列"→"自动换行"→"四周型环绕"命令来设置，如图 4-37 所示）；在打开"位置"选项卡的"水平"区域中选择"书籍版式"单选按钮，选择其右侧下拉列表框为"外部"，"相对于"下拉列表框的值为"页边距"，单击"确定"按钮。

图 4-36　插入剪贴画的窗格，从中设置搜索文字并搜索

图 4-37　通过上下文关联选项卡来设置剪贴画"四周型环绕"

继续选中该剪贴画，单击"图片工具"→"格式"→"图片样式"→"快速样式"，展开快速样式列表，从中选择提示文字为"松散透视，白色"的样式即可。

（3）插入 SmartArt 图形。

将光标定位于文档最后一空白段落的开头，单击"插入"→"插图"→"SmartArt"命令，打开"选择 SmartArt 图形"对话框。在此对话框中，单击左侧列表"层次结构"选项卡，则在中部列出与层次结构相关的各种 SmartArt 图形。单击某一 SmartArt 图形，则在右侧列出对其说明，如图 4-38 所示。

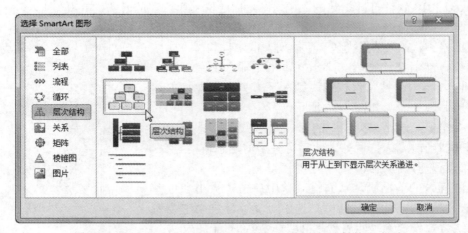

图 4-38　插入 SmartArt 图形的对话框，选择"层次结构"类型

选中提示文字为"层次结构"的 SmartArt 图形，单击"确定"按钮，即在文档中插入了层次结构的 SmartArt 图形。

单击 SmartArt 图形中标记为"[文本]"的形状，则可输入文字。按样例 4-9 分别为各形状输入文字。

　　如果需要在某一形状后面新增一个形状，可使用右键菜单"添加形状"→"在后面添加形状"命令；如果需要在某一形状下面新增一个形状，可使用右键菜单"添加形状"→"在下方添加形状"命令；这些命令也可在主菜单"SmartArt 工具"→"设计"→"创建图形"→"添加形状"命令菜单中找到。

　　（4）设置 SmartArt 图形格式。

　　选中 SmartArt 图形的外框，然后单击"SmartArt 工具"→"设计"→"SmartArt 样式"→"更改颜色"命令，在其下拉菜单中的"颜色"组中单击提示信息为"彩色范围 - 强调文字颜色 4 至 5"的颜色按钮即可。

　　继续保持选中 SmartArt 图形的外框，然后单击"SmartArt 工具"→"设计"→"SmartArt 样式"→"其他"按钮，从展开的列表的"三维"组中单击提示信息为"金属场景"的样式，即可设置好 SmartArt 图形的样式。

　　（5）全部做完后，保存文档，退出 Word 软件。

实验 11　插入图表

【实验目的】

1. 了解在文档中插入 Excel 图表的功能和作用。
2. 掌握在 Word 文档中插入 Excel 图表的方法。
3. 掌握为 Excel 图表设置标题、标签格式等的操作。

【实验内容】

打开文档 D:\study\doc\400211.docx，按如下要求进行操作。完成后要保存文档。

　　（1）在文档第二行按照样例 4-10 的 Excel 表格数据插入一个三维饼图图表，图表样式为样式 10。

　　（2）图表标题为"服装类月销售额（万元）百分比图"（文字内容为双引号里的内容，内容中的标点符号使用全角符号），图表的数据标签格式包括：值、百分比、显示引导线等选项，数据标签的位置设置为"数据标签外"。

【样文】

本实验的电子表格数据设置如样例 4-10 所示，在 Word 中设置插入图表后的效果如样例 4-11 所示。

	A	B	C	D
1		月销售额（万元）		
2	女装	43.8		
3	男装	32.7		
4	童装	24.6		
5	鞋帽	17.2		
6				
7	若要调整图表数据区域的大小，请拖拽区域的右下角。			

样例 4-10　插入饼图图表的电子表格数据

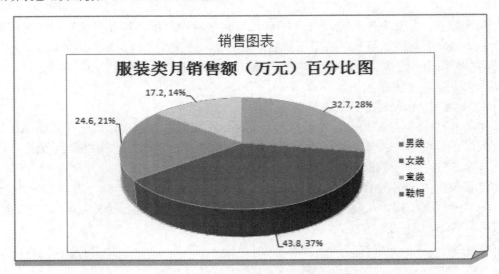

样例 4-11   插入饼图图表的最终结果

【实验步骤】

（1）在文档中插入图表的意义。

通过 Excel 电子表格中的数据可以轻松地生成图表，图表所表达的数据含义更直观方便。另外 Excel 软件是专门为处理数据而设计的，在 Excel 中数据编辑的功能丰富全面。相比之下，Word 中的数据只有简单的几个公式计算功能，也不能在 Word 中对数据生成图表。因此，在 Excel 中编辑好数据，并生成图表（无论什么类型），然后将其插入到 Word 文档中就十分有用。这样，在 Word 中就可展示数据及其图表了。

（2）插入图表的方法。

在 Word 2010 中打开指定的文档，将光标定位于第二行开头，单击"插入"→"图表"命令，打开"插入图表"对话框，从中选择"三维饼图"图标，如图 4-39 所示。单击"确定"按钮，自动打开 Excel 编辑窗口进行编辑。

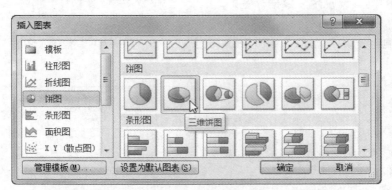

图 4-39   在"插入图表"对话框中选择三维饼图

将 Excel 中的原始数据修改为题目所提供的数据，然后关闭 Excel 窗口，返回到 Word 文档，则自动在第二行插入了一个三维饼图图表。

单击 "图表工具"→"设计"→"图表样式"→"其他"按钮，展开"图表样式"菜单，选中"图表样式 10"。注意，在文档窗口较小时，"图表样式"按钮显示成"快速样式"，它们的内容是一样的。

（3）设置图表格式。

选中图表框内上方的标题文字，修改其内容为"服装类月销售额（万元）百分比图"。再选中图表的灰色外框，单击上下文关联选项卡"图表工具"→"布局"→"标签"→"数据标签"命令，选定展开的菜单的最后一项"其他数据标签选项"，打开"设置数据标签格式"对话框。

在此对话框的"标签选项"选项卡中，勾选"值""百分比""显示引导线"三个复选项，选择"数据标签外"单选项，如图 4-40 所示。设置完成后，单击"关闭"按钮，关闭该对话框。

图 4-40　在"设置数据标签格式"对话框中设置标签选项

设置完后，图表中没有显示引导线，可轻微拖动各数据标签稍许离开原位置，则可出现数据引导线。

（4）保存并关闭当前文档。

实验 12　插入文件和对象

【实验目的】

1. 掌握在文档中插入来自其他文档文件内容的操作。

2. 掌握插入由其他文件创建的 Word 对象的操作。

3. 掌握设置对象后为其设置图标及题注的操作。

【实验内容】

打开文档 D:\study\doc\400212.docx，按如下要求进行操作。完成后要保存文档。

（1）在第三段空白处插入来自名为 400212_A.docx 的其他 Word 文件中的内容，该文件与当前文件位于同一路径下。

（2）在倒数第三段插入一个由文件创建的 Word 对象，对象名为 400212_B.docx，显示为图标，图标的题注为"人物生平"。

（3）在最后一段插入一个由文件创建的 Excel 对象，对象名为 400212_C.xlsx，显示为图标，图标的题注为"主要代表作品"。

【样文】

实验步骤最后两部分的排版效果如样例 4-12 所示。

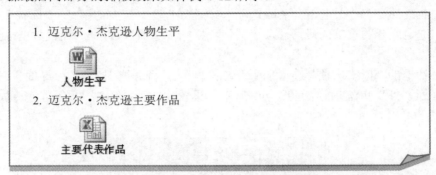

样例 4-12　插入 Word 对象和 Excel 对象后的效果

【实验步骤】

（1）认识在 Word 文档中插入其他文档内容或其他对象的意义。

在当前打开的 Word 文档（以下称为目标文档）中可以插入来自其他 Word 文档（以下称为源文档）中的内容。插入后，这些内容可以直接插入在目标文档插入点光标处，也可以在目标文档中以一个图标对象的形式显示（图标对象还可代表 Excel 电子表格、PPT 演示文稿等多种类型的文件）。当双击该图标时，将自动打开源文档对象。对于图标对象，可以更改图标，也可以更改图标下方的题注（系统默认图标是与该文档类型关联的图标，默认题注为该文件名）。

（2）插入 Word 文件内容。

打开指定的文档，将光标定位在第三段。单击"插入"→"文本"→"对象"→"文件中的文字"命令，打开"插入文件"对话框。按指定路径查找到指定的文件 400212_A.docx，单击"插入"按钮，即可将该文件插入。

（3）插入 Word 对象图标。

将光标定位在倒数第三段。单击"插入"→"文本"→"对象"→"对象"命令，打开"对象"对话框。选择"由文件创建"选项卡，单击"浏览"按钮，查找到指定要插入的文件 400212_B.docx，如图 4-41 所示。

图 4-41　"对象"对话框

首先勾选"显示为图标"复选框，然后单击"更改图标"按钮，打开"更改图标"对话框，将"题注"内容改为"人物生平"，如图 4-42 所示。单击"确定"按钮两次返回文档。

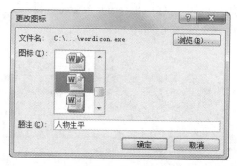

图 4-42　在"更改图标"对话框中加入对象的题注

（4）插入 Excel 对象图标。

光标定位在最后一段。单击"插入"→"文本"→"对象"→"对象"命令，打开"对象"对话框。选择"由文件创建"选项卡，单击"浏览"按钮，查找到指定要插入的文件 400212_C.xlsx。与上述步骤相似，勾选"显示为图标"复选框，单击"更改图标"按钮，打开"更改图标"对话框，将"题注"内容改为"主要代表作品"。单击"确定"按钮两次返回文档。

（5）保存文档，退出 Word 2010 软件。

实验 13　页眉与页脚设置

【实验目的】

1. 掌握为文档设置纸张参数的操作。

2. 掌握为文档添加页眉页脚及其格式设置的操作。

3. 掌握设置文档网络的操作。

【实验内容】

打开文档 D:\study\doc\400213.docx，按如下要求进行操作。完成后要保存文档。

（1）设置文档纸张大小为 B5 纸，页边距上、下均为 2.4 厘米，左、右均为 2.8 厘米，装订线为 0.2 厘米，装订线位置为"上"；页眉边距为 1.5 厘米，页脚边距为 1.6 厘米。

（2）将文档的页眉和页脚设置为奇偶页不同、首页不同，设置首页页脚文字内容为"信息技术与素养"，奇数页页眉文字内容为"信息与信息技术"，偶数页页眉文字内容设置为"信息素养与信息化社会"。

（3）设置文档网格为文字对齐字符网络，设置每行字符数为 33，每页行数为 40。

【实验步骤】

许多 Word 文档最终要打印在纸张上，那么就要考虑纸张的大小、页边距、页眉和页脚的设置、每页多少行等与打印相关的内容。本实验将学习这方面的知识。

（1）设置纸张尺寸。

在 Word 2010 中打开指定的文档，单击"页面布局"→"页面设置启动器"，打开"页面设置"对话框，从中选定"纸张"选项卡。

单击"纸张大小"下拉列表框，选定纸张为"B5 (JIS)"，然后单击对话框中的"页边距"标签，设置页边距上、下为 2.4 厘米，左、右为 2.8 厘米，装订线为 0.2 厘米，位置为"上"，如图 4-43 所示。再单击"页面设置"对话框中的"版式"标签，在"页眉和页脚"下设置页眉距边界为 1.5 厘米，页脚距边界为 1.6 厘米。

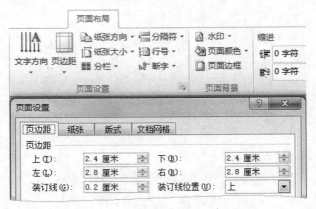

图 4-43　"页面布局"选项卡

也可以直接在"页面布局"选项卡中单击"纸张大小"按钮，选定 B5 纸张，如图 4-44 所示。

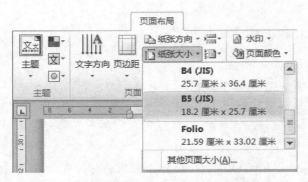

图 4-44　在"页面布局"选项卡中设置纸张大小

（2）设置页眉和页脚。

单击"插入"→"页眉"→"编辑页眉"命令，进入文档的页眉和页脚编辑状态，此时打开"页眉和页脚工具"的"设计"选项卡，在"选项"中勾选"首页不同"和"奇偶页不同"复选框，如图 4-45 所示。

按 Ctrl+Home 键移动插入点至文档顶部，此时，在页眉下方有一条浅蓝色分割线，并在线下左侧显示"首页页眉"，表示当前编辑的是首页的页眉内容，可在此输入文字"信息技术与素养"。

然后按两次 PageDown 键，看到页眉分割线下方左侧显示为"偶数页页眉"，在此输入偶数页的页眉内容"信息素养与信息化社会"。

然后再按两次 PageDown 键，看到页眉分割线下方左侧显示为"奇数页页眉"，在此输入奇数页的页眉内容"信息与信息技术"。

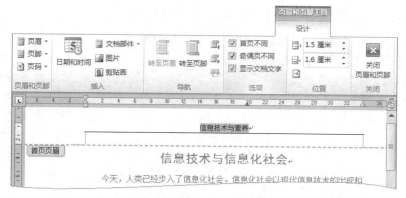

图 4-45　在"页眉和页脚工具"选项卡中设置参数

最后单击"页眉和页脚工具"的"设计"选项卡中的"关闭页眉和页脚"按钮，退出页眉和页脚编辑状态。

（3）设置文档网格。

按步骤（1）中的方法打开"页面设置"对话框，单击"文档网格"标签，首先选中"网格"区域中的"文字对齐字符网格"单选按钮，然后在其下输入每行的字符数为 33，每页的行数为 40，单击"确定"按钮。

（4）最后保存并关闭当前文档。

实验 14　页面格式化设置

【实验目的】

1. 掌握设置页面背景的操作。
2. 掌握为页面添加艺术型方框的操作。
3. 掌握为文档页面添加自定义水印的操作。
4. 掌握为文档设置主题字体的操作。

【实验内容】

打开文档 D:\study\doc\400214.docx，按如下要求进行操作。完成后要保存文档。

（1）将文档设置页面背景中的页面填充效果，套用纹理填充效果样式，样式名称为"羊皮纸"。

（2）添加页面边框为宽度 15 磅、5 棵塔形绿树图案的艺术型方框。

（3）在文档中插入文字为"文化传承"的标准色－浅蓝色自定义水印，字体为隶书，字号为 144，版式为"斜式"。

（4）将文档的主题字体设置为"药剂师"。

【实验步骤】

当我们要制作广告、海报、宣传册、贺卡等特殊文档时，需要将其设计得尽可能美观、新颖。除了内容要丰富多彩外，在文档的形式上，我们也可以发挥 Word 的各种特长，添加多种页面和主题设置，以达到最好的效果。

（1）设置页面填充效果。

在 Word 2010 中打开指定的文档。单击"页面布局"→"页面颜色"→"填充效果"命令，打开"填充效果"对话框。切换到"纹理"选项卡，从"纹理"列表中选定第 4 行第 3 列的"羊皮纸"（列表下方有文字说明），单击"确定"按钮完成设置。

（2）添加艺术型方框。

单击"页面布局"→"页面背景"→"页面边框"命令，打开"边框和底纹"对话框并单击"页面边框"标签。

单击"样式"区域的"艺术型"下拉列表框，从中选择 5 棵塔形绿树的图案"♣♣♣♣♣"，然后设置"宽度"为 15 磅，"应用于"为"整篇文档"，如图 4-46 所示。单击"确定"按钮。

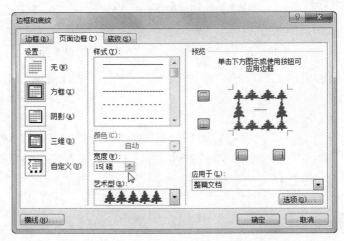

图 4-46　在"边框和底纹"对话框中设置页面边框参数

（3）插入水印。

单击"页面布局"→"页面背景"→"水印"命令，从展开的下拉菜单中选择"自定义水印"，打开"水印"对话框。

选中"文字水印"单选按钮，在"文字"右侧文本框中输入"文化传承"，设置"字体"为"隶书"，字号为 144，颜色为标准色－浅蓝色，勾选"半透明"复选框，保持版式为"斜式"不变，单击"确定"按钮完成，如图 4-47 所示。

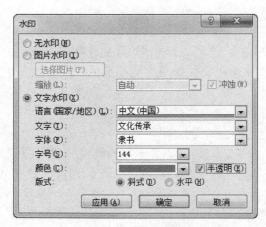

图 4-47　在"水印"对话框中设置页面的文字水印

（4）设置主题字体。

单击"页面布局"→"主题"→"字体"命令，从展开的下拉菜单中选择"药剂师"，即完成了主题字体的设置。

全部设置完成后，保存文档，关闭软件。

实验 15　插入目录

【实验目的】

1. 了解在 Word 文档中设置目录的基本步骤。
2. 掌握在文档中按"标题 2"样式创建 1 级目录的操作。
3. 掌握通过自定义的样式"C 样式"建立 1 级目录的操作。
4. 掌握为目录设置格式的操作。

【实验内容】

打开文档 D:\study\doc\400215.docx，按如下要求进行操作。完成后要保存文档。

（1）在"本章节的内容目录"之下的空白行处，给文档中应用"标题 2"样式的段落创建 1 级目录，目录中显示页码且页码右对齐。

（2）在"信息素养的内涵有三个层次"之下的空白行处，给文档中应用"C 样式"的段落创建 1 级目录，目录中显示页码且页码右对齐，制表符前导符为断截线"------"，同时，保留原有的目录。

【样文】

本实验的样文如样例 4-13 所示。

样例 4-13　分别应用"标题 2"样式和应用"C 样式"所创建的目录

【实验步骤】

在长文档中，添加目录除了可以方便读者了解文章的层次结构、快速跳转到想要查看的章节外，也可以方便作者掌握各章节的设置和主要内容顺序的编排。此外，Word 还可以使用自定义样式来添加目录，因此，可以通过这种方式来查看文档的某些结构（如插图、表格、公式、自定义标题等）在全文中的编号、分布等情况。

（1）应用"标题2"创建目录。

打开文档，将光标插入点置于"本章节的内容目录"之下的空白行处，即第三段开头。单击"引用"→"目录"→"插入目录"命令，打开"目录"对话框。

保持"显示页码"和"页码右对齐"复选框的勾选状态，单击"选项"按钮，打开"目录选项"对话框。

在此对话框中，将标题1、标题3所对应的"目录级别"输入框中的数字清除，在"标题2"对应的"目录级别"文本框中，将其值改为"1"，代表设置标题2为一级目录，如图4-48所示。

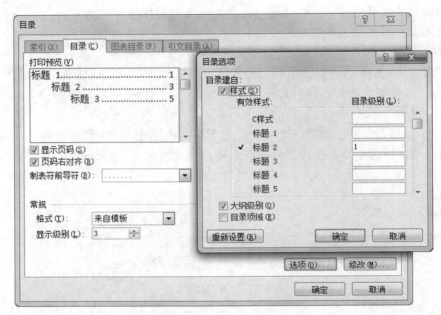

图4-48　在"目录"对话框与"目录选项"对话框中设置目录参数

单击"确定"按钮，关闭"目录选项"对话框，再单击"确定"，关闭"目录"对话框。章节内容目录已生成。

（2）应用"C样式"创建目录。

在前一操作步骤后，先将光标置于"信息素养的内涵有三个层次"之下的空白行，单击"引用"→"目录"→"插入目录"命令，再次打开"目录"对话框。

继续保持"显示页码"和"页码右对齐"复选框的勾选状态，单击"制表符前导符"右侧的下三角按钮，选定断截线线型，然后再单击"选项"按钮，打开"目录选项"对话框（参考图4-48）。

将标题1、标题2、标题3所对应的"目录级别"文本框中的数字都清除，在"C样式"对应的"目录级别"文本框中输入"1"，代表设置C样式为一级目录。单击两次"确定"按钮。

此时，系统弹出对话框询问是否替换步骤（1）所生成的目录。选择"否"，表示不替换原有的目录。之后，"C样式"对应的目录已生成。

（3）保存已修改好的文档，然后将其关闭。

实验 16 插入文本框和艺术字

【实验目的】

1. 掌握在文档中插入文本框的操作。

2. 掌握在文档中插入艺术字的操作。

3. 学会对艺术字设置格式的方法。

【实验内容】

打开文档 D:\study\doc\400216.docx，按如下要求进行操作。完成后要保存文档。

（1）取消对全文段落间距"对齐网格"选项的设置。

（2）设置页面格式：纸张宽 25 厘米，高 17 厘米；文字排列方向：垂直。

（3）在文档顶部空白处插入一个文本框，其内容为"唐诗选读"。

（4）在文档的空白处插入艺术字："诗情画意"；其样式为：第 4 行第 2 列的样式；位置为：嵌入文本行中；字体格式为：隶书；大小为：一号；文本框文字方向为：竖排。可根据文字调整形状大小，取消自动换行。

【样文】

本实验的样文如样例 4-14 所示。

样例 4-14 插入文本框和艺术字样文

【实验步骤】

（1）取消对段落间距"对齐网格"的设置。

用 Word 2010 软件打开指定的文档。按 Ctrl+A 组合键选定全文，单击"开始"→"段落"命令，打开"段落"对话框。在此对话框的"缩进和间距"选项卡中，取消对"如果定义了文档网格，则对齐到网络"复选框的选定，如图 4-49 所示。单击"确定"按钮返回到文档编辑。

（2）设置页面格式。

单击"页面布局"→"页面设置"命令，打开"页面设置"对话框。在"纸张"选项卡中，设置纸张的宽度为 25 厘米，高度为 17 厘米。在"文档网络"选项卡中，设置文字排列的方向为"垂直"。单击"确定"按钮返回文档，可看到文档内容置为垂直版式。

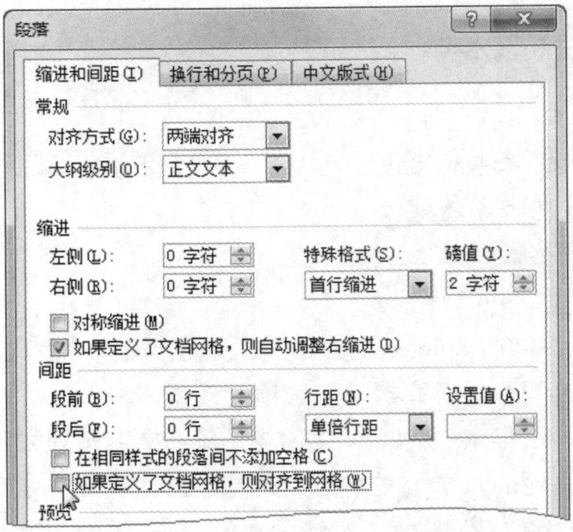

图 4-49　取消段落间距对齐网格的功能

（3）在文档中插入文本框。

单击"插入"→"文本"→"文本框"→"绘制文本框"命令，光标变成十字状。在文档上方空白处画出一个矩形，然后在该矩形中输入文字："唐诗选读"。参照样例 4-14，适当调整文本框的大小和位置。

（4）在文档中插入艺术字。

单击"插入"→"文本"→"艺术字"命令，打开艺术字样式的菜单。从中选择第 4 行第 2 列的样式，则文档中出现一个"请在此放置您的文字"文本框。将此框内的文字替换为"诗情画意"，并在"开始"菜单中设置其字体为"隶书"，大小为"一号"。

在选中该艺术字后，单击"绘图工具"→"格式"→"艺术字样式"命令，打开"设置文本效果格式"对话框。选中"文本框"选项卡，在右侧栏将"文字版式"的文字方向改为"竖排"，再勾选"根据文字调整形状大小"复选项，取消勾选"形状中的文字自动换行"复选项，如图 4-50 所示。单击"确定"按钮返回文档，完成对艺术字的设置。

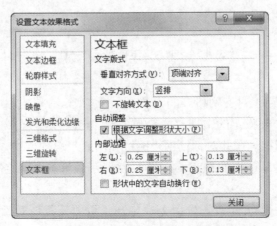

图 4-50　在"设置文本效果格式"对话框中设置艺术字格式

（5）最后保存并关闭文档。

4.3　拓展实训

本节是 Word 2010 理论知识的实践应用介绍，通过特殊文档和长文档排版处理的案例学习，使读者能够掌握利用 Word 进行特殊文档和长文档处理的方法和技巧。

实训 1　邮件合并应用

【实验目的】

1. 了解 Word 文档中进行邮件合并的含义及其作用。
2. 掌握调用 Excel 电子表格作为数据源的操作。
3. 掌握进行插入合并域及完成邮件合并的各项操作。

【实验内容】

打开文档 D:\study\doc\400301.docx，按如下要求进行操作。完成后要保存文档。

（1）在电子表格文件"400301.xlsx"中有一名为"通信录"的工作表，利用该表格作为数据源进行邮件合并。

（2）主文档采用信封类型，信封尺寸为"普通 1（102×165 毫米）"，打印选项选默认信封处理方法（左起第 5 种方式）；参照样例 4-15 中的上半部分把电子表格（数据源）中域的内容插入到主文档相应位置，保存主文档 400301.docx（注：文档中的标点符号必须为全角标点符号）。

（3）最后合并全部记录并保存为新文档 400301_a.docx，保存路径与主文档路径相同。同时，也要保存主文档。

【样文】

邮件合并的主文档设置如样例 4-15 所示，邮件合并的结果（即生成的新文档）如样例 4-16 所示（只列了前 2 项）。

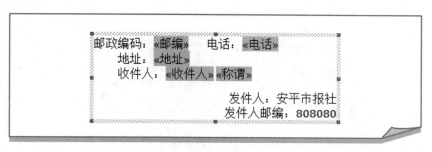

样例 4-15　邮件合并的主文档设置

【实验步骤】

（1）邮件合并的含义和作用。

当我们想要给多人发送内容相似、仅少数词组（如用户名、电话等）不同的文档或信函时，如果一个一个地编辑文档，既费时费力，也不方便管理和重用。Word 2010 软件给我们提供了邮件合并功能，使得这项工作变得轻松易做。只需要创建一个大家都相同的主文档，再整理一份属于个人信息（如姓名、电话等）的数据源（可以是 Word、Excel 或 TXT 等文档格式）

即可。通过 Word 的邮件合并，在主文档中嵌入数据源的信息，可以快速方便地生成每个人所需要的文档。对主文档和数据源分别管理，也方便以后重用。

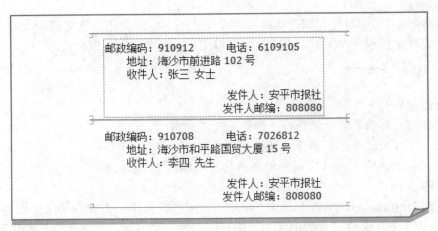

邮政编码：910912　　　电话：6109105
地址：海沙市前进路 102 号
收件人：张三 女士

发件人：安平市报社
发件人邮编：808080

邮政编码：910708　　　电话：7026812
地址：海沙市和平路国贸大厦 15 号
收件人：李四 先生

发件人：安平市报社
发件人邮编：808080

样例 4-16　邮件合并的结果（前 2 项样图）

（2）建立主文档。

新建一个 Word 2010 空白文档，可先将其保存为 D:\study\doc\400301.docx。

单击"邮件"→"开始邮件合并"→"信封"命令，打开"信封选项"对话框，在此对话框中，使用系统的默认选项，即在"信封选项"选项卡中选定信封尺寸为"普通 1"，如图 4-51 所示。在"打印选项"选项卡的"送纸方式"选项中选定从左数第 5 项，其他则保持默认值，如图 4-52 所示。单击"确定"按钮。

图 4-51　邮件合并中的"信封选项"对话框

此时，页面尺寸缩小自动变成"PRC 信封 1"类型。单击页面底部正中位置，出现一虚线框，在此框内按照样例 4-15 的格式输入信封的文字。注意不要输入样例 4-15 中灰色背景的文字，它们是下一步添加合并域后自动出现的。

图 4-52　邮件合并中的"打印选项"对话框

注意要使用中文的标点符号。文字"电话"与前面的内容之间隔 3 个空格。第 2 行和第 3 行的内容可按 Tab 键向右缩进一次。第 4、5 行的内容则设置为右对齐。

（3）指定数据源。

单击"邮件"→"选择收件人"→"使用现有列表"命令，打开"选择数据源"对话框，查找并打开本实验指定的数据源文件 400301.xlsx。这是一个电子表格，打开后，弹出如图 4-53 所示的"选择表格"对话框，即要选择该电子表格中哪一个工作表中的数据。按题目的提示，选定名称为"通信录"的工作表，同时确保"数据首行包含列标题"复选框为勾选状态，单击"确定"按钮。

图 4-53　指定数据源，选定 Excel 文件的"通信录"工作表

（4）插入合并域。

此时，在"邮件"选项卡下的"编写和插入域"组中的"插入合并域"命令可以使用了。单击即可看到由"通信录"工作表中的列标题所组成的菜单项。将光标插入点置于文档的"邮政编码："之后，然后单击"邮件"→"编写和插入域"→"插入合并域"→"邮编"命令，插入"邮编"域。之后，按相同的方法，依次在相应的位置上插入其他邮件合并域，注意"称谓"域直接插入在"收件人"域之后。

（5）完成邮件合并。

按上述步骤操作完成后，请认真检查确认无误，单击"保存"按钮，保存当前的文档（如果在新建文档时没有保存过，则需要指定保存位置及文件名）。

保存之后，单击"邮件"→"预览结果"→"预览结果"命令，查看邮件合并域被实际数据所替代之后的结果。如果有误，则返回前一步去修改。查看时，可使用"预览结果"按钮旁边的前进与后退导航条查看其他数据记录的替代结果。

最后一步将完成邮件合并，生成一个新的文件，该文件不再包含任何邮件合并域，而是由数据源中的数据逐条将邮件合并域替换之后的结果。单击"邮件"→"完成"→"完成并合并"→"编辑单个文档"命令，打开"合并到新文档"对话框，如图4-54所示。

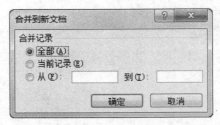

图4-54 邮件合并最后一步，合并数据到新文档

在此对话框中，选定"全部"单选按钮，单击"确定"，则新的文档"信封1"生成了。其内容是为数据源中的每一条记录生成的信封文字。

浏览之后，将其保存在题目指定的文件夹下，文件名为指定的400301_a.docx。

（6）保存并关闭全部文档，包括新生成的文档和邮件合并主文档。

实训2 毕业论文的排版

【实验目的】

设计和撰写毕业论文是高等教育中的一个重要环节。论文排版是毕业论文的重要组成部分，也是读者应该掌握的一种文字操作技能。毕业论文的整体结构包括以下几个主要部分：封面、扉页、目录、中英文摘要、正文、结论、参考文献、附录。这里以某高校为例，其对毕业论文排版的要求是：封面无页码；中文摘要至正文前部分有页码（用罗马数字连续表示），正文部分页码用阿拉伯数字连续表示；正文前面插入由Word自动生成的章节目录、图目录、表目录，其页码单独用罗马数字表示；正文中图、表的题注要通过自动更新生成；参考文献用自动编号的形式，且其引用点按次序给出等。

通过本案例的学习，使读者对毕业论文的排版有一个整体的认识，并由此掌握长文稿的高级排版技巧，为今后撰写调查报告、工作汇报、课程总结及学术论文等的排版操作打好基础，也为将来工作的需要积累经验、培养相应的技能。

【实验内容】

1. 毕业论文的排版要求

排版要求主要包括以下几个方面：

（1）整体布局。

毕业论文包括封面、扉页、目录页、中英文摘要和关键词页、论文正文页、参考文献页、附录页、致谢页等内容。其中，封面、目录页、正文内容要分别进行分节处理，每部分内容单独一节，并从下一页开始。

（2）页面设置。

采用A4纸型，双面打印。设置上、下、左、右页边距均为2.5cm，装订线为0.5cm，位置在左。页眉页脚均为 1.5cm。

（3）中英文摘要。

1）中文摘要格式：标题为黑体，小三号，居中；作者及单位为宋体，五号字，居中显示。文字"摘要："为黑体，小四号，其余摘要内容为宋体，小四号；首行缩进 2 字符，1.5 倍行距。文字"关键词："为黑体，小四号，其余关键词内容为宋体，小四号；首行缩进 2 字符，1.5 倍行距。

2）英文摘要格式：字体均使用新罗马体（Time New Roman）。其中，标题为小三号，居中；作者及单位为五号，居中。英文摘要、关键词内容格式为常规，五号，缩进 2 字符，行距为 18 磅。其中前导文字 Abstract 和 Key words 要加粗。

（4）正文格式。

正文是指从第 1 章开始的论文文本内容，排版格式详细要求如下：

1）字体与段落：中文为"宋体"，英文、阿拉伯数字用新罗马体 Times New Roman，小四号，黑色。段落行距设置为 1.5 倍行距，首行缩进 2 字符。其他采用默认设置。

2）一级、二级和三级标题的要求：

①一级标题（章名）使用样式"标题 1"，居中，小三号，黑体，左缩进为 0 字符，格式为"章序号　章名"，例如"1 概论"。

②二级标题（节名）使用样式"标题 2"，左对齐，四号，宋体，加粗，左缩进为 0 字符；格式为"章序号.节序号　节名"，例如"1.1 开发背景"。

③三级标题（小节名）使用样式"标题 3"，左对齐，小四号，宋体，加粗，左缩进为 0 字符；格式为"章序号.节序号.次节序号　次节名"，例如"1.2.1 技术路线"。

3）对正文中所有插图（包括来自文件的图片、SmartArt 图形、Excel 图表和使用 Word 形状绘制的图形）添加题注，题注位于图下方居中的位置。其标签为"图"，编号为图的流水号（从编号"1"开始。例如文档中插入的第 1 张图，题注编号应为"图 1"）。在图序号后添加对图的说明文字或图的标题。

4）对正文中所有表格也添加题注，位于表上方的居中位置。标签为"表"，编号为"表序号"（例如第 1 章的第 1 张表，题注编号为"表 1"），然后在其后添加对表的说明文字或表的标题。

5）参考文献内容为自动编号，宋体，小四号，1.5 倍行距，悬挂缩进 2 字符。格式为：[1]，[2]，……。在正文中要出现对参考文献的引用编号标记。

（5）目录。

目录置于论文扉页后，由 Word 自动生成，目录中要求显示到第三级标题。目录包括正文目录、图目录和表目录。在论文完成后，使用快捷菜单"更新域"命令自动更新，得到最新的目录结构。

（6）论文页码。

页码显示在下方面脚的位置，居中。首页不显示页码；目录页页码采用罗马数字"Ⅰ，Ⅱ，Ⅲ，……"格式，五号字，页码连续。正文页码采用"1，2，3，……"格式，从 1 开始，页码连续，五号，黑体，居中放置。

2. 知识要点

（1）页面设置；字体、段落格式设置。

（2）样式的建立、修改及应用；项目符号和编号的使用。

（3）目录、图目录、表目录的生成和更新。

（4）题注、尾注，交叉引用的建立与使用。

（5）分节的设置。

（6）页眉、页脚的设置。

【实验步骤】

（1）论文分节。

1）将光标定位在中文摘要内容的最前面，单击"页面布局"选项卡"页面设置"组中的"分隔符"按钮，将出现一个列表，如图 4-55 所示。

2）在列表中的"分节符"区域选择分节符类型"下一页"，完成分节符的插入。

如果光标定位在封面内容的最后面，然后再插入分节符，此时在中文摘要内容的最前面会产生一空行，需要人工删除。

3）重复操作步骤1）和2），用同样的方法在论文扉页、目录与正文之间插入分节符。

（2）页面设置。

1）单击"页面布局"选项卡"页面设置"组右下角的对话框启动器按钮"⌐"，弹出"页面设置"对话框，如图 4-56 所示。

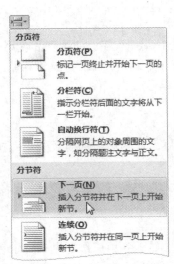

图 4-55　为页面插入类型为"下一页"的分节符　　图 4-56　在"页面设置"对话框中设置页边距等参数

2）在"页面设置"对话框的"页边距"选项卡中，设置页边距的上、下、左、右均为 2.5 厘米；在该对话框的"纸张"选项卡中设置 A4 纸；在"版式"选项卡中设置页眉页脚的位置及奇偶页不同、首页不同；注意在各选项卡的"应用于"下拉列表中要选择"整篇文档"。

（3）为正文设置格式。

打开"样式"窗格，为正文新建一样式（参考图 4-13），也可在系统名为"正文"的样式上进行更改。其格式设置为：中文字体为"宋体"，西文字体为 Times New Roman，小四号；

左缩进 0 字符，首行缩进 2 字符，1.5 倍行距。应用到正文中除章节标题、表格、表题注和图题注外的所有文字。

（4）修改各级标题的样式。

1）一级标题样式的修改。在"开始"选项卡的"快速样式"库中右击样式"标题 1"，选择快捷菜单中的"修改"命令，如图 4-57 所示，弹出"修改样式"对话框。在此对话框中，选择"黑体"，小三号，居中对齐。同时设置左缩进 0 字符。单击"确定"按钮两次，完成对样式"标题 1"的设置。

图 4-57　在"快速样式"列表中修改"标题 1"的格式

2）按同样方法修改样式"标题 2"的格式为宋体加粗，四号，左对齐，左缩进 0 字符。修改样式"标题 3"的格式为宋体加粗，小四号，左对齐，左缩进 0 字符。

3）应用各级标题样式。

一级标题（章名）：将光标定位在文档中的一级标题（章名）所在行的任意位置，单击"快速样式"库中的"标题 1"样式，则此行文字被设置为"标题 1"的样式。其余章名的文字可应用类似的方法来设置。

二级标题（节名）：与上述方法类似，光标定位在文档中的二级标题（节名）所在行，单击"快速样式"库中的"标题 2"样式即可。按同样方法设置其他各节的节名为"标题 2"样式。

三级标题（小节名）：选中三级标题（小节名）所在行的位置，单击"快速样式"库中的"标题 3"样式即可。依同样方法将其余各小节的段落设置为"标题 3"样式。

说明：以上方法也可使用格式刷来实现。添加完三级标题样式后，勾选"视图"→"显示"→"导航窗格"复选框，打开导航窗格，可看到文档的整体结构，如图 4-58 所示。在文档导航窗格中，单击某一章节名可以快速跳转到对应的章节内容。

（5）插入图、表的自动编号。

在论文中，经常要对插入的图、表等进行编号，可使用 Word 的自动编号功能来设置。其优点是：当我们插入或删除一些图、表后，其他图、表的编号会自动更新。配合 Word 的"交又引用"功能，可在正文中引用指定的图或表。否则，手动修改图、表编号和引用就容易出错，因此在有大量图、表的论文编辑时，图、表编号最好用自动编号实现。

图 4-58　打开文档导航窗格，可以浏览全文的章节信息

1）为插图设置题注。

题注是可以添加到表格、图表、公式或其他项目上的编号标签，如"图 1-1""表 1"等。下面先介绍为插图设置题注的方法。

①选中要设置编号的图，单击"引用"→"题注"→"插入题注"命令，打开"题注"对话框，如图 4-59 所示。

图 4-59　在"插入题注"对话框中设置题注格式

②单击"标签"右侧的下拉列表框，选择"图"作为标签（如果没有，则单击"新建标签"按钮，创建一个名称为"图"的标签），此时，"题注"下的文字内容自动变为"图 1"；单击"位置"右侧的下拉列表框，选择"所选项目下方"，然后单击"确定"按钮。

③此时在图的下方就插入了一行文本，内容就是刚才新建标签的文字和自动生成的序号。此时可以在序号后输入此图的文字说明。然后选中该行文字，在"开始"选项卡的"样式"→"快速样式"库中找到其对应的样式"题注"，单击右键菜单，选择"修改"命令，打开"修改样式"对话框。从中设置该样式的中文字体为宋体加粗，西文字体为新罗马体（Times New Roman），小四号，居中，左缩进 0 字符，首行无缩进。单击"确定"按钮返回。

④重复上述操作，可以插入其他图片的题注，Word 会自动按图在文档中出现的顺序为图

编号。当再次插入同一级别的题注时，则直接在"题注"对话框中选择"图"作为标签，单击"确定"按钮，并输入题注内容即可。

2）为表格设置题注。

为表格设置题注的方法与为插图设置题注的方法相似，不同之处是在"题注"对话框中选择"表"作为标签（同样，如果没有则创建一个）。另外，"位置"应选择为"所选项目上方"。其他格式与插图的题注相同。

3）插入交叉引用。

交叉引用是对文档中其他位置内容的引用，如"请参阅图 1"。可为标题、脚注、书签、题注、编号段落等创建交叉引用。创建题注交叉引用之后，可以改变交叉引用的引用内容。

在正文插图或表格之前的文字中，要有引用该插图或表格题注的内容，且只引用图/表标签和编号。例如，对于正文中出现"如下表所示"的"下表"，如果是指"表 1"的话，通过使用交叉引用，将其改为"如表 1 所示"，其中"1"为表题注的对应编号。对图而言也是如此。

插入交叉引用的方法：

①将光标定位到需要引用题注编号的地方，单击"引用"→"题注"→"交叉引用"命令，打开"交叉引用"对话框。

②在该对话框的"引用类型"下拉列表中选择题注标签"图"（如果是对表的引用则选择题注标签为"表"），如图 4-60 所示。

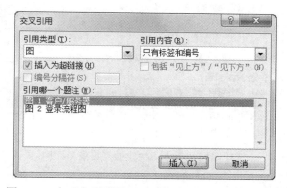

图 4-60　在"交叉引用"对话框中选定引用的题注项

③在右侧的引用内容下拉列表框中选择"只有标签和编号"选项，然后在下方的列表中选择要引用的题注，如"图 1 客户/服务器"，然后单击"插入"按钮，即可将"图 1"插入到光标处，完成对题注的引用。

④之后，在需要引用题注的地方重复执行"引用"→"题注"→"交叉引用"命令，这时直接选择要引用的题注就可以了，不用再重复选择引用类型和引用内容。

4）说明：

①将图的编号制作成题注，实现了图的自动编号。比如在第一张图前再插入一张图后，Word 会自动会将其题注设置为"图 1"，而将原来第一张图的题注由"图 1"改为"图 2"，后面其他图片的题注编号也依次相应自动调整。

②图的编号改变时，文档中的引用有时不会自动更新，可以右击引用文字，在弹出的菜单中选择"更新域"命令，即可全部更新。

③表格编号需要插入题注，也可以选中整个表格后单击右键，选择"插入题注"命令即可插入表格题注，但要注意表格的题注通常应在表格上方。

（6）生成目录。

在扉页之后按照顺序插入 3 节，分节符的类型为"下一页"。每节内容如下：

第 1 节：目录，文字"目录"使用样式"标题 1"，居中，自动生成目录项；

第 2 节：图目录，文字"图目录"使用样式"标题 1"，居中，自动生成图目录项；

第 3 节：表目录，文字"表目录"使用样式"标题 1"，居中，自动生成表目录项。

1）生成正文目录。

将光标定位在要插入目录的第一行（插入的第 1 节的位置），输入文字"目录"，四号，居中，无缩进。然后将光标下移一行，单击"引用"→"目录"→"插入目录"菜单项，打开"目录"对话框。

在该对话框中，确定目录显示的格式及级别，如"显示页码""页码右对齐""制表前导符""格式""显示级别"等参数。可使用其默认值。

单击"确定"按钮，完成创建目录的操作，如图 4-61 所示。

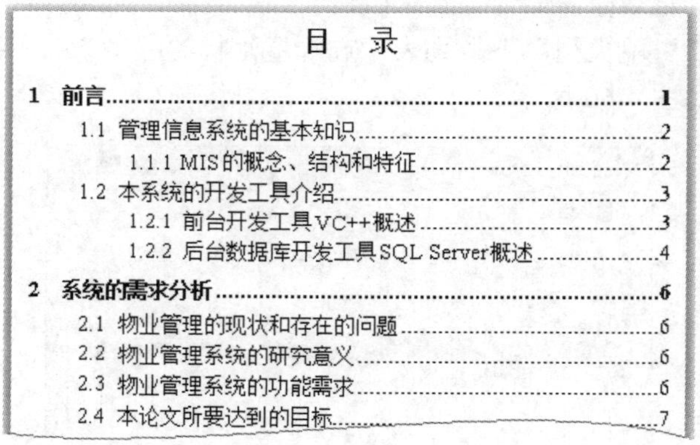

目　录

1　前言 1
　1.1　管理信息系统的基本知识 2
　　1.1.1　MIS的概念、结构和特征 2
　1.2　本系统的开发工具介绍 3
　　1.2.1　前台开发工具 VC++概述 3
　　1.2.2　后台数据库开发工具 SQL Server概述 4
2　系统的需求分析 6
　2.1　物业管理的现状和存在的问题 6
　2.2　物业管理系统的研究意义 6
　2.3　物业管理系统的功能需求 6
　2.4　本论文所要达到的目标 7

图 4-61　文档中所生成的"目录"样例

2）生成图索引目录。

①将插入点定位在需要创建图、表目录的位置。

②单击"引用"→"题注"→"插入表目录"命令，打开"图表目录"对话框，选择"图表目录"标签。

③在"题注标签"下拉列表中选择要创建索引的内容对应的题注"图"，如图 4-62 所示。

④单击"确定"按钮即可完成目录的创建，如图 4-63 所示。

3）生成表索引目录。

用生成图索引目录的方法同样可生成表索引目录，只要将题注标签选择"表"，其他按相同方法即可。

（7）设置参考文献格式及对其引用的格式。

1）设置参考文献格式。

光标定位于参考文献页，选中各参考文献项，先设置文字为小四号，宋体，1.5 倍行距。继续保持文字选中状态，单击"开始"→"段落"→"编号"→"定义新编号格式"命令，打开"定义新编号格式"对话框。在其中"编号样式"下拉列表中选择"1, 2, 3 …",然后在"编号格式"文本框中的"1"的前面和后面加上中括号(注意不要删除"1",也不要自己输入"1"),如图 4-64 所示。单击"确定"按钮。

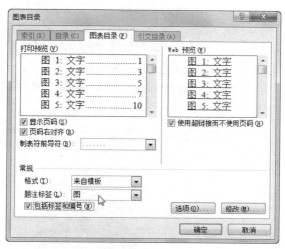

图 4-62　在"图表目录"对话框中,设置题注标签为"图"

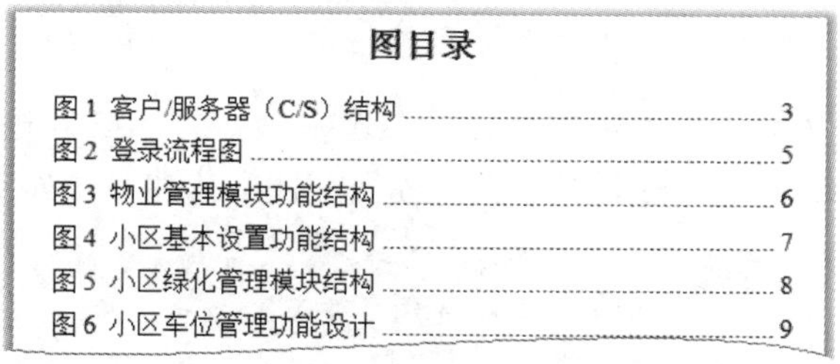

图目录

图 1 客户/服务器（C/S）结构 3
图 2 登录流程图 5
图 3 物业管理模块功能结构 6
图 4 小区基本设置功能结构 7
图 5 小区绿化管理模块结构 8
图 6 小区车位管理功能设计 9

图 4-63　通过"插入表目录"命令生成的"图目录"样例

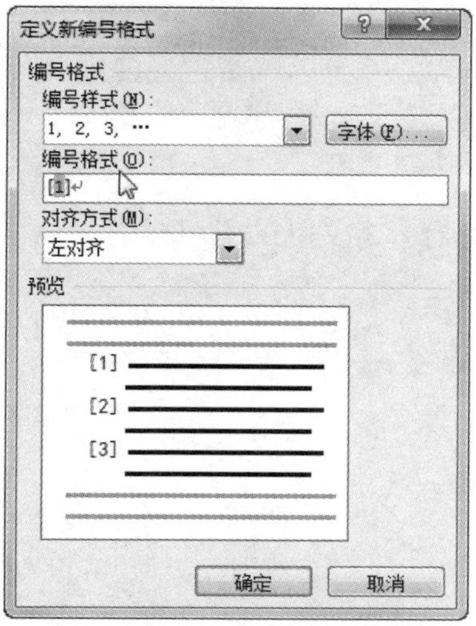

图 4-64　为参考文献定义新的编号格式

　　此时各参考文献项之前就有了方括号形式的数字编号。再将其段落格式设置为左缩进 0 字符，悬挂缩进 2 字符，如图 4-65 所示。

　　2）设置对参考文献引用的格式。

　　在正文中依次找到对每一条参考文献的引用点，单击"引用"→"题注"→"交叉引用"命令，打开"交叉引用"对话框。

　　在此对话框中，选择"引用类型"为"编号项"，"引用内容"为"段落编号"，然后根据文章中引用的要求，选择正确的参考文献引用项，如图 4-66 所示。单击"插入"按钮。此时在正文中出现编号域，即为引用参考文献的标志。按 Ctrl 键并单击鼠标左键，即可跳转到对应的参考文献项。

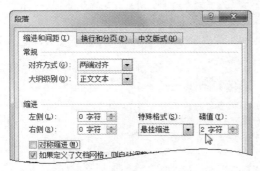
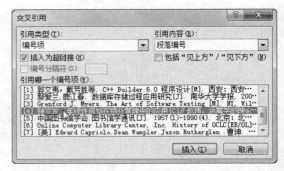

图 4-65　设置参考文献段落格式为悬挂缩进 2 字符　　图 4-66　在正文中适当的位置引用某一条参考文献

　　按照习惯，对参考文献的引用标志为上标。选中该标志，在"开始"选项卡的"字体"设置区单击"上标"图标按钮，将其置为"上标"字体格式即可，如图 4-67 所示。

图 4-67　在正文中插入引用参考文献的标志，并将其设置为上标字体

　　按同样的方法依次处理其他对参考文献的引用标记。

第 5 章　Excel 电子表格实验

本章以微软公司的 Office 办公软件套装中的 Excel 2010 软件为例，介绍电子表格的常用操作。

5.1　基本操作

基本操作 1　用模板创建文档

【实验目的】

1. 掌握 Excel 文档的打开和创建操作。
2. 掌握 Excel 模板的使用方法。
3. 掌握文档的"保存"操作和"另存为"操作。

【实验内容】

使用 Excel 2010 主页中的"样本模板"创建一个"账单"文档，并在"客户名称"栏目中输入"张三"，将文档保存在 D:\study\excel 路径下，文档名为 500101.xlsx。

【实验步骤】

（1）建立文档。

单击"开始"按钮，打开 Windows 的开始菜单，选择"所有程序"，从展开的菜单中选择 Microsoft Office 程序组中的 Microsoft Excel 2010（也可双击桌面上的 Excel 2010 图标），打开 Excel 2010，进入 Excel 编辑界面，如图 5-1 所示。

（2）选择模板。

①打开 Excel 2010 软件后，选择"文件"菜单中的"新建"命令，在标题为"可用模板"的中间窗格的上部选定"样本模板"。

图 5-1　打开 Excel 2010 软件

②选择"账单"模板，然后单击窗口右侧的"创建"按钮，即可创建该模板的文档，如图 5-2 所示。

（3）输入文字并保存。

①正确执行上述操作后，将按照"账单"模板打开一个新的文档。此时，选定"客户名称"右方的输入框，则该输入框进入编辑状态，如图 5-3 所示。

图 5-2　使用"账单"模板创建新文档

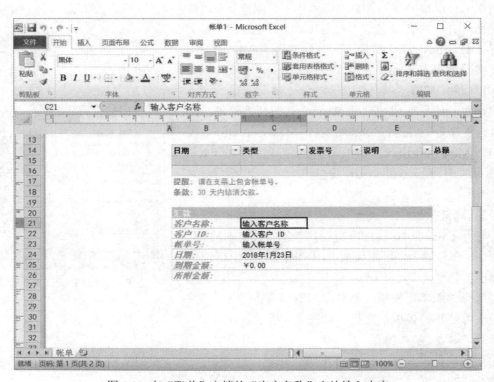

图 5-3　在"账单"文档的"客户名称"右边输入内容

②输入文字"张三",然后在空白处单击。

③单击 Excel 2010 标题栏中的"保存"图标█,或者打开"文件"菜单,选择"另存为"菜单项,打开"另存为"对话框,选定路径 D:\study\excel,输入文件名 500101,然后单击"保存"按钮。

基本操作 2　工作表的基本操作

【实验目的】

1. 掌握 Excel 工作表的插入、改名操作。

2. 掌握 Excel 同一工作簿、不同工作簿之间工作表的复制、移动操作。

【实验内容】

(1)打开 D:\study\excel 路径下的文档 500102.xlsx,在"期末成绩"工作表后面插入一张名为"总评成绩"的工作表。

(2)将 500102.xlsx 中的"实验成绩"工作表移动到 D:\study\excel\500103.xlsx 工作簿中,作为第二张工作表。

【实验步骤】

(1)工作表的插入、改名。

①打开 D:\study\excel 路径下的文档 500102.xlsx,单击"期末成绩"工作表后面的空白按钮,如图 5-4 所示,即可增加一张名为 Sheet1 的工作表。

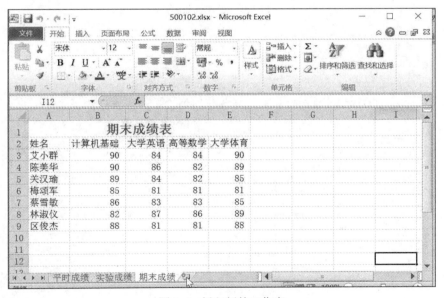

图 5-4　插入新的工作表

②选中 Sheet1,单击鼠标右键,弹出如图 5-5 所示的菜单,选择"重命名"选项,输入名称"总评成绩",保存文档。

(2)不同工作簿的工作表移动。

打开文件夹 D:\study\excel 中的工作簿 500102.xlsx 和 500103.xlsx,选中 500102.xlsx 工作簿的"实验成绩"工作表,单击鼠标右键,弹出的菜单如图 5-6 所示,选择"移动或复制"选项，弹出"移动或复制工作表"对话框，如图 5-7 所示，在"将选定工作表移至工作簿"一栏选择 500103.xlsx，在"下列选定工作表之前"一栏选择 Sheet2，如图 5-8 所示，单击"确定"按钮，完成移动操作，保存 500102.xlsx 和 500103.xlsx 两个文档。

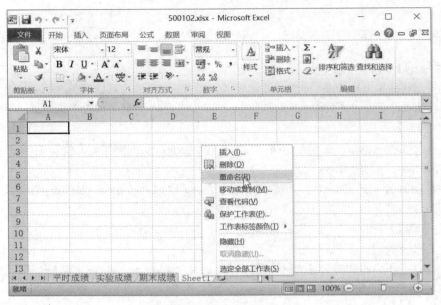

图 5-5　重命名工作表

图 5-6　移动工作表

注意： 一定要保存两个文档，因为移动，500102.xlsx 少了一张表，而 500103.xlsx 多了一张表，两个文档都有变化，都需要保存。如果是两个文档间复制工作表，则在图 5-7 中要勾选"建立副本"复选项。

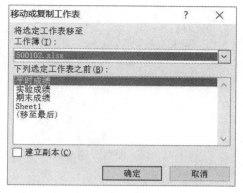

图 5-7　"移动或复制工作表"对话框

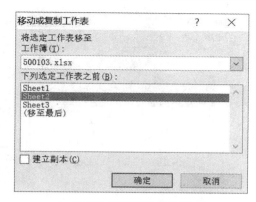

图 5-8　选择移动的位置

基本操作 3　数据输入

【实验目的】

1. 掌握 Excel 文档中序列的填充。
2. 掌握 Excel 公式的输入。

【实验内容】

（1）打开 D:\study\excel 路径下的 500104.xlsx 文档，在 Sheet1 工作表 A3:A8 区域填充序列 "1,3,5,7,9,11"。

（2）在 Sheet1 工作表 D3:D8 区域输入公式计算存款，存款=收入−支出。

【实验步骤】

（1）填充序列。

①打开 500104.xlsx 文档，选中 Sheet1 工作表的 A3 单元格，输入 "1"；选中 A3:A8 区域，选择 "开始" → "编辑" 功能组的 "填充" 按钮，在下拉菜单中选择 "系列" 选项，如图 5-9 所示，弹出 "序列" 对话框，如图 5-10 所示。

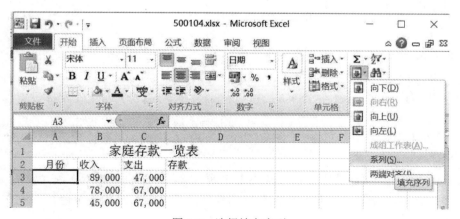

图 5-9　选择填充序列

②在 "类型" 一栏选择 "等差序列"，"步长值" 设置为 "2"，如图 5-11 所示，单击 "确定" 按钮，即可得到序列。

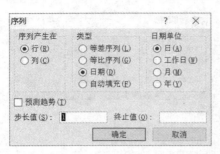

图 5-10 "序列"对话框

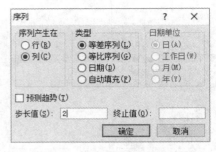

图 5-11 选择类型、输入步长

（2）计算存款。

单击 D3 单元格，输入公式"=B3-C3"，如图 5-12 所示，按回车键；单击 D3 单元格，将光标移动到 D3 单元格右下角，放在"填充句柄"处，双击鼠标左键或者向下拖动鼠标，即可填充得到 D3:D8 区域存款。

图 5-12 输入公式

基本操作 4　工作表格式化

【实验目的】

掌握单元格数字、对齐、字体、边框、填充设置。

【实验内容】

（1）打开 D:\study\excel 路径下的 500105.xlsx，将标题合并居中，字体设置为黑体，18号字。

（2）工作表中数字用货币显示，设置货币符号为人民币，小数位数为 1；为"陈松"单元格添加批注"经理"。

（3）设置 A1:I12 区域边框，内框线为细实线，蓝色；外框线为双实线，红色。

（4）为 A1 单元格设置背景：填充效果为双色渐变，颜色 1 为浅绿色，颜色 2 为绿色，底纹样式为斜上。

【实验步骤】

（1）合并居中、字体设置。

打开 500105.xlsx 工作簿，选中 A1:I1 区域，选择"开始"→"对齐方式"功能组的"合并后居中"选项，即可将标题"职工工资表"合并居中，如图 5-13 所示；选中标题 A1 单元格，选择"开始"→"字体"功能组，设置字体为黑体，字号为 18。

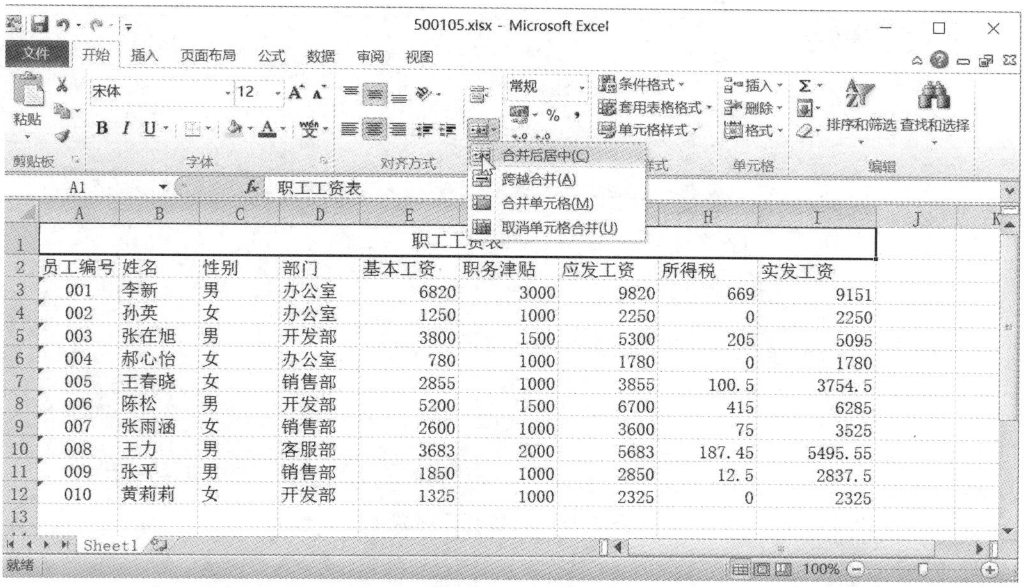

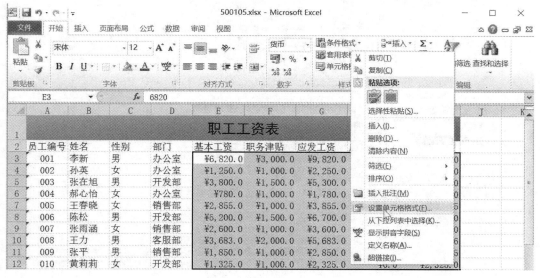

图 5-13　合并后居中

（2）数字格式设置。

选择 E3:I12 区域，单击鼠标右键，弹出菜单选项，如图 5-14 所示，选择"设置单元格格式"选项，或者选择"开始"→"数字"功能组右下角的箭头，弹出"设置单元格格式"对话框，选择"货币"，"小数位数"设为 1，"货币符号"选人民币符号，如图 5-15 所示。

图 5-14　设置单元格格式

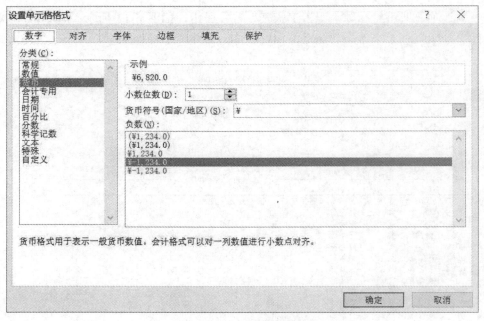

图 5-15　设置货币格式

（3）设置边框。

选择 A1:I12 区域，单击鼠标右键，在快捷菜单中选择"设置单元格格式"选项，弹出"设置单元格格式"对话框，打开"边框"选项卡，选择线条样式为双线，颜色为红色，单击"外边框"按钮，如图 5-16 所示。同理，选择线条样式为细单线，颜色为蓝色，单击"内部"按钮，完成效果如图 5-17 所示。

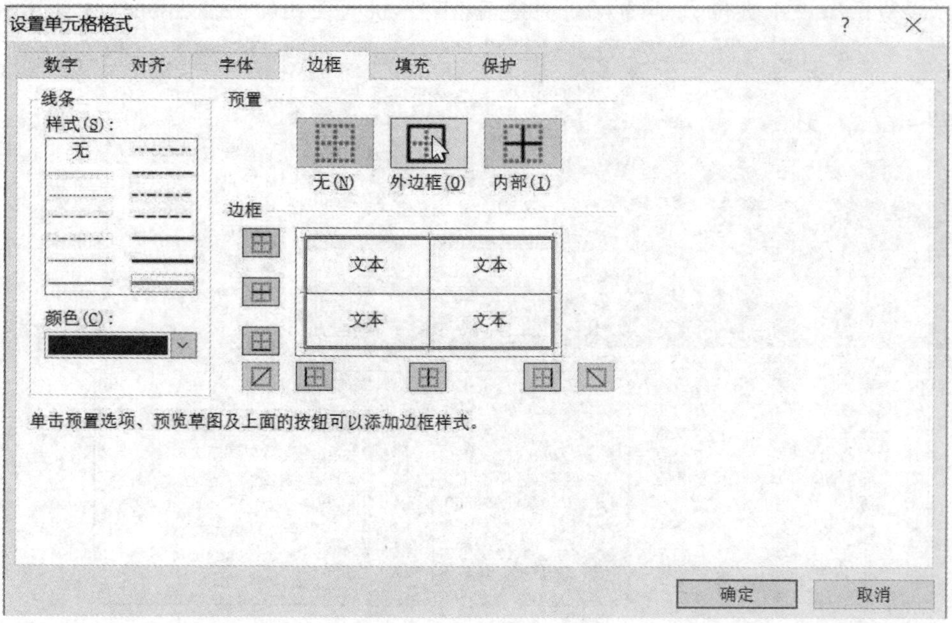

图 5-16　边框设置

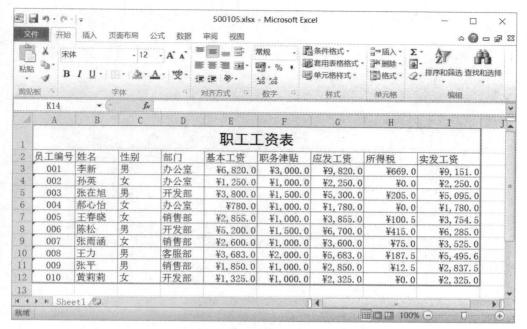

图 5-17　边框效果

（4）设置底纹。

选择 A1 单元格，单击鼠标右键，在菜单中选择"设置单元格格式"，弹出"设置单元格格式"对话框，选择"填充"选项，单击"填充效果"按钮，弹出"填充效果"对话框，选择"双色"，颜色 1 选择"浅绿色"，颜色 2 选择"绿色"，底纹样式选择"斜上"，如图 5-18 所示，单击"确定"按钮，完成设置，最终效果如图 5-19 所示。

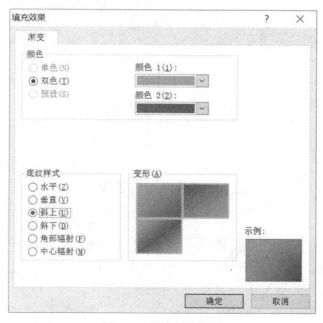

图 5-18　填充效果设置

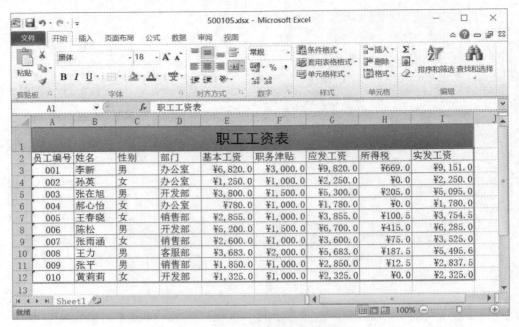

图 5-19　单元格格式设置效果图

基本操作 5　条件格式

【实验目的】

掌握 Excel 条件格式的设置。

【实验内容】

（1）打开 D:\study\excel 路径下的 500106.xlsx 工作簿，在 Sheet1 的 B2:F16 区域中设置单科成绩小于 60 的格式，字体：红色，加粗，带删除线。

（2）在 Sheet1 的 G2:G16 区域设置"平均分"前三名的格式，文字颜色为紫色，加粗，背景色为浅绿色。

【实验步骤】

（1）设置单科成绩小于 60 的效果。

选择 B2:F16 区域，选择"开始"→"样式"功能组的"条件格式"按钮，如图 5-20 所示。在下拉菜单中选择"突出显示单元格规则"→"小于"选项，弹出 "小于"对话框，如图 5-21 所示。"为小于以下值的单元格设置格式:"设置为 60，"设置为"选择"自定义格式…"，单击"确定"按钮，弹出"设置单元格格式"对话框，选择字形为加粗，颜色为红色，特殊效果为删除线，如图 5-22 所示。单击"确定"按钮。

（2）设置平均分前三名效果。

选择 G2:G16 区域，选择"开始"→"样式"功能组的"条件格式"按钮，如图 5-23 所示。在下拉菜单中选择"项目选取规则"→"值最大的 10 项"选项；在弹出的"10 个最大的项"对话框中左边文本框输入 3，"设置为"下拉列表框中选择"自定义格式…"，如图 5-24 所示，单击"确定"按钮。在弹出的"设置单元格格式"对话框中，选择字形为加粗，字体颜色为紫色，背景色选择浅绿色，单击"确定"按钮即可。最终效果如图 5-25 所示。

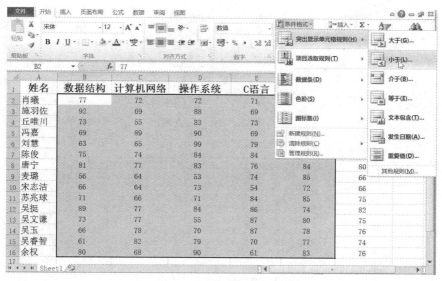

图 5-20　选择"小于"条件格式

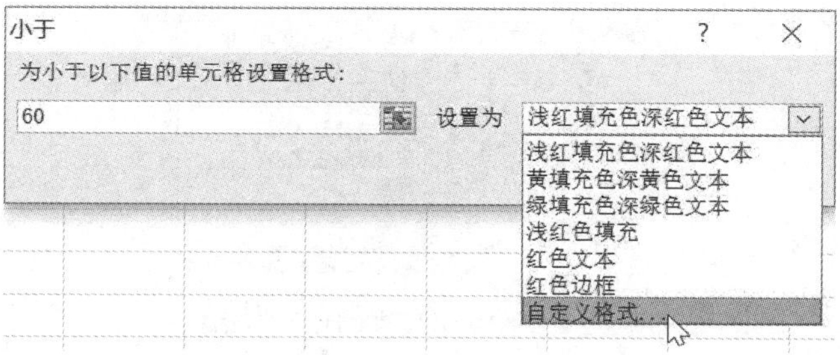

图 5-21　"小于"对话框

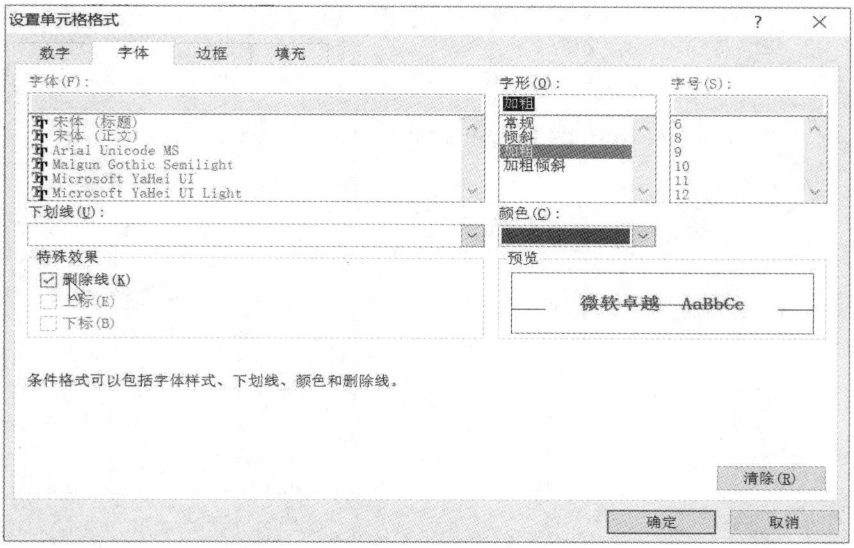

图 5-22　"设置单元格格式"对话框

图 5-23　条件格式值最大 n 项选择

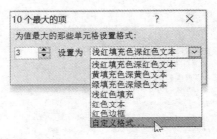

图 5-24　"10 个最大的项"对话框

姓名	数据结构	计算机网络	操作系统	C语言	JAVA	平均分
肖曦	77	72	72	71	67	72
施羽佐	92	69	88	69	84	80
丘唯川	73	55	83	73	69	71
冯嘉	69	89	90	69	75	78
刘慧	63	65	99	79	57	73
陈俊	75	74	84	84	72	78
唐宁	81	77	83	76	84	80
麦璐	56	64	53	74	85	66
宋志洁	66	64	73	54	72	66
苏兆球	71	66	71	84	85	75
吴挺	89	77	84	86	74	82
吴文谦	73	77	55	87	80	75
吴玉	66	78	70	87	78	76
吴睿智	61	82	79	70	77	74
余权	80	68	90	61	83	76

图 5-25　条件格式效果图

5.2　实验案例

实验1　公式与函数操作1

【实验目的】

掌握 Excel 中常用函数 SUM、AVERAGE、MAX、COUNT、COUNTIF、RANK 的基本操作。

【实验内容】

打开 D:\study\excel 文件夹中的 500107.xlsx 文档，在 Sheet1 工作表中进行如下计算：

（1）用 SUM 函数计算每个学生的总分。

（2）用 AVERAGE 函数计算每个学生的平均分，结果精确到小数点后 1 位。

（3）用 RANK 函数根据总分求所有学生的名次。

（4）用 MAX 函数求出每科最高分。

（5）用 COUNTIF 和 COUNT 函数统计每门课程的优秀率（注：大于或等于 90 分为优秀）。

【样文】

样图结果如图 5-26 所示。

公共课成绩表							
学号	姓名	高等数学	大学外语	大学计算机	总分	平均分	名次
5601	吴华	96	77	89	262	87.3	3
5602	钟凝	88	90	93	271	90.3	2
5603	薛海仓	67	76	76	219	73.0	4
5604	周明明	66	86	66	218	72.7	6
5605	赵海	77	65	77	219	73.0	4
5606	潘越明	88	92	95	275	91.7	1
5607	王海涛	43	56	77	176	58.7	8
5608	罗晶晶	57	78	65	200	66.7	7
每科最高分		96	92	95			
每科优秀率		12.5%	25.0%	25.0%			

图 5-26　计算后表格效果图

【实验步骤】

（1）计算总分。

①打开 500107.xlsx 工作簿，选择 Sheet1 工作表，如图 5-27 所示。

②单击 F3 单元格，再单击"编辑栏"中"插入函数"按钮 ƒₓ，打开"插入函数"对话框，如图 5-28 所示。

③在"或选择类别"下拉列表中选择"常用函数"选项，在"选择函数"列表框中选择 SUM。单击"确定"按钮，弹出"函数参数"对话框。

④在 Number1 文本框中输入 C3:E3，或者选中 Sheet1 工作表中 C3:E3 区域，如图 5-29 所示。

⑤单击"确定"按钮，返回工作表窗口。

⑥往下拖动 F3 单元格右下角的填充句柄，利用自动填充功能完成 F4:F10 的计算。

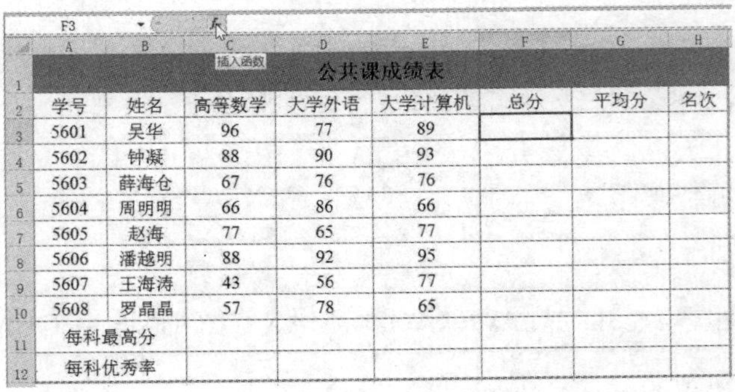

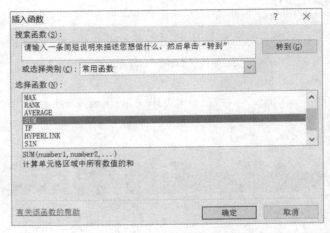

图 5-27　利用函数求和示意图

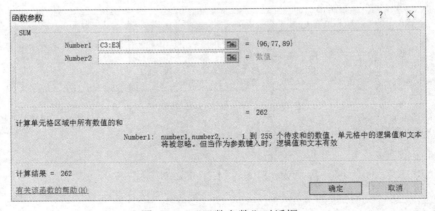

图 5-28　"插入函数"对话框

图 5-29　"函数参数"对话框

（2）计算平均分。

①选中 G3 单元格，单击"编辑栏"中"插入函数"按钮 f_x，弹出"插入函数"对话框，在"选择函数"列表框中选择 AVERAGE，单击"确定"按钮，弹出"函数参数"对话框。

②在 Number1 文本框中输入 C2:E3，或者选中 Sheet1 工作表中 C2:E3 区域，如图 5-30 所示。

③单击"确定"按钮，返回工作表窗口。

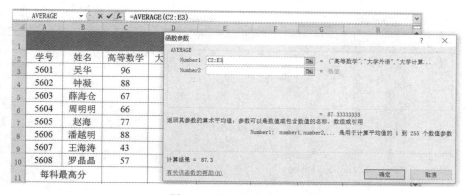

图 5-30　求平均分示意图

④往下拖动 G3 单元格右下角的填充句柄，利用自动填充功能完成 G4:G10 的计算。

（3）求名次。

①选中 H3 单元格，单击"编辑栏"中"插入函数"按钮 f_x，弹出"插入函数"对话框，在"或选择类别"下拉列表中选择"全部"选项，在"选择函数"列表框中选择 RANK，单击"确定"按钮，弹出"函数参数"对话框。

②在 Number1 文本框中输入 F3，在 Number2 文本框中输入$F$3:$F$10，如图 5-31 所示。

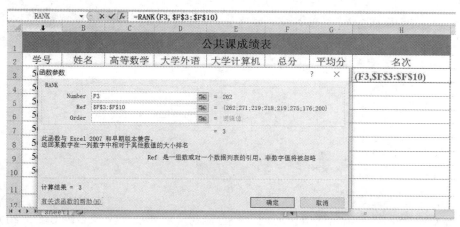

图 5-31　RANK 函数示意图

③单击"确定"按钮，返回工作表窗口。

④对准 H3 单元格右下角的填充句柄，向下拖动，填充 H4:H10 的结果。

（4）计算最高分。

①选中 C11 单元格，单击"编辑栏"中"插入函数"按钮 f_x，弹出"插入函数"对话框，在"或选择类别"下拉列表中选择"常用函数"选项，在"选择函数"列表框中选择 MAX。单击"确定"按钮，弹出"函数参数"对话框。

②在 Number1 文本框中输入 C3:C10，或者在 Sheet1 工作表中选中 C3:C10 区域，如图 5-32 所示。

③单击"确定"按钮，返回工作表窗口。

④对准 C11 单元格右下角的填充句柄，向右拖动，填充功能完成 D11:E11 的计算。

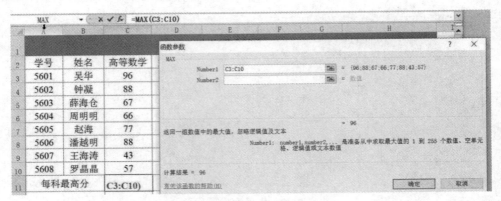

图 5-32　MAX 函数示意图

（5）统计每门课程的优秀率。

①单击 C12 单元格，在单元格或编辑栏里输入公式"=COUNTIF(C3:C10,">=90")/COUNT(C3:C10)"，按回车键或单击编辑栏的"输入"按钮 ✔，即可得到高等数学的优秀率，如图 5-33 所示。

学号	姓名	高等数学	大学外语	大学计算机	总分	平均分	名次
				公共课成绩表			
5601	吴华	96	77	89	262		
5602	钟凝	88	90	93	271		
5603	薛海仓	67	76	76	219		
5604	周明明	66	86	66	218		
5605	赵海	77	65	77	219		
5606	潘越明	88	92	95	275		
5607	王海涛	43	56	77	176		
5608	罗晶晶	57	78	65	200		
每科最高分		96	92	95			
每科优秀率		=COUNTI					

图 5-33　求优秀率示意图

②对准 C12 单元格右下角的填充句柄，向右拖动，填充功能完成 D12:E12 的结果。

③选中 C12:E12 区域，设置单元格格式为百分比，小数位数为 1。

说明：

①如果对函数掌握熟练，可以在单元格直接输入公式，按 Enter 键即可得到运算结果。

②公式中函数名称、单元格名称不区分大小写，所有标点符号应为英文标点符号。

③除了在编辑栏选择"插入函数"按钮 *fx*，也可在"公式"→"函数库"功能组中选择相应的函数。

实验 2　公式与函数操作 2

【实验目的】

掌握 Excel 中 IF 函数、YEAR 函数、PMT 函数、VLOOKUP 函数的操作。

【实验内容】

打开 D:\study\excel 文件夹中的 500108.xlsx 文档，在在 Sheet1～Sheet4 工作表中进行如下计算：

（1）用 IF 函数求 Sheet1 工作表 D3:D14 区域成绩评定：[0,60)为不及格，[60,80)为及格，[80,100]为优秀。

（2）在 Sheet2 工作表中，用 YEAR 函数在 C2:C6 区域计算工龄。

（3）在 Sheet3 工作表中，用 PMT 函数在 B4 单元格计算每月应存的金额。

（4）在 Sheet4 工作表中，用 VLOOKUP 函数计算姓名对应的住房补贴。

【样文】

Sheet1 样图如图 5-34 所示。

图 5-34　IF 函数效果图

Sheet2 样图如图 5-35 所示。

图 5-35　YEAR 函数效果图

Sheet3 样图如图 5-36 所示。

图 5-36　PMT 函数效果图

Sheet4 样图如图 5-37 所示。

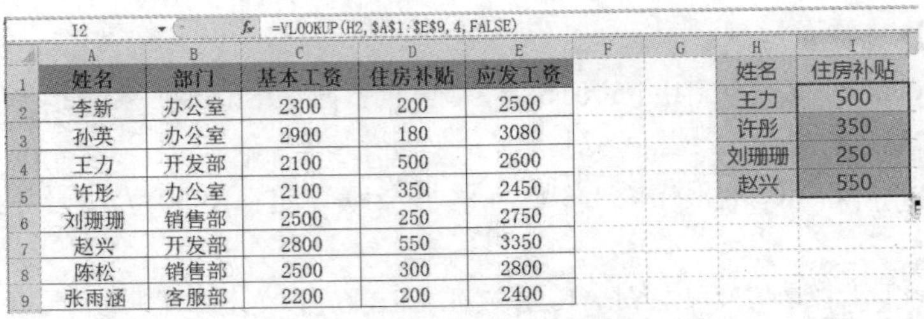

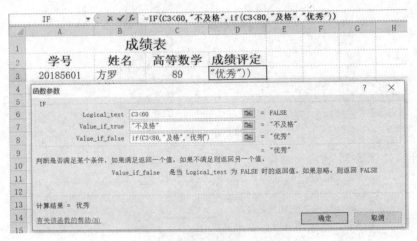

图 5-37 VLOOKUP 函数效果图

【实验步骤】

（1）IF 函数求成绩评定结果。

①打开 500108.xlsx 工作簿，选择 Sheet1 工作表，选中 D3 单元格，单击"编辑栏"中"插入函数"按钮 *fx*，弹出"插入函数"对话框，在"或选择类别"下拉列表中选择"全部"选项，在"选择函数"列表框中选择 IF，单击"确定"按钮，弹出"函数参数"对话框。

②在 Logical_test 文本框中输入 C3<60，在 Value_if_true 框中输入"不及格"，在 Value_if_false 框中输入"if(C3<80,"及格","优秀")"，如图 5-38 所示。

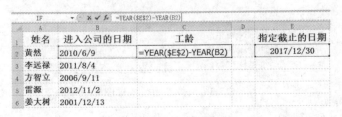

图 5-38 IF 函数示意图

③单击"确定"按钮，返回工作表窗口。

④对准 D3 单元格右下角的填充句柄，向下拖动，填充 D4:H14 的结果。

（2）YEAR 函数求工龄。

①选择 Sheet2 工作表，选中 C2 单元格，输入公式"=YEAR($E$2)-YEAR(B2)"，如图 5-39 所示，然后按回车键。

图 5-39 求工龄示意图

②再选中 C2 单元格，对准 C2 单元格右下角的填充句柄，向下拖动，填充 C3:C6 的结果。

（3）PMT 函数求每月应存数额。

①选择 sheet3 工作表，选中 B4 单元格，单击"编辑栏"中的"插入函数"按钮 *fx*，弹出"插入函数"对话框，在"或选择类别"下拉列表中选择"财务"选项，在"选择函数"列表框中选择 PMT，单击"确定"按钮，弹出"函数参数"对话框。

②在 Rate 文本框中输入 B1/12，在 Nper 文本框中输入 B2*12，在 Fv 文本框中输入 B3，如图 5-40 所示。

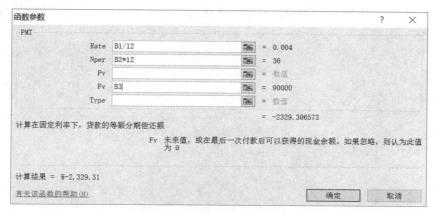

图 5-40　PMT 函数示意图

③单击"确定"按钮，返回工作表窗口。

（4）VLOOKUP 函数求住房补贴。

①选择 Sheet4 工作表，选中 I2 单元格，单击"编辑栏"中的"插入函数"按钮 *fx*，弹出"插入函数"对话框，在"或选择类别"下拉列表中选择"查找与引用"选项，在"选择函数"列表框中选择 VLOOKUP，单击"确定"按钮，弹出"函数参数"对话框。

②在 Lookup_value 文本框中选择 H2 单元格，在 Table_array 文本框中输入$A$1:$E$9，在 Col_index_num 文本框中输入 4，在 Range_lookup 文本框中输入 false，如图 5-41 所示。

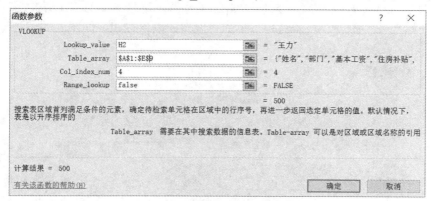

图 5-41　VLOOKUP 函数示意图

③单击"确定"按钮，返回工作表窗口。

④对准 I2 单元格右下角的填充句柄，向下拖动，填充 I3:I5 的结果。

实验 3　图表制作

【实验目的】

掌握 Excel 中图表的制作和格式化。

【实验内容】

（1）打开 D:\study\excel 文件夹中的 500109.xlsx 文档，以"库存量"数据为基础，建立一个带数据标记的折线图，比较产品库存量的变化。

（2）输入图表标题"产品数量变化图"，字体为宋体，字号为 16；输入横坐标轴标题"产品名称"，字体为宋体，字号为 12。

（3）绘图区"形状填充"为"主题颜色－橄榄色，强调文字颜色 3，淡色 60%"。

【样文】

样图如图 5-42 所示。

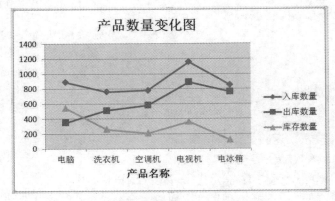

图 5-42　图表效果示意图

【实验步骤】

（1）添加折线图。

①打开 D:\study\excel 文件夹的 500109.xlsx 工作簿，选择 Sheet1 工作表，选中 A2:D7 区域，单击"开始"→"图表"功能组右下角的"创建图表"按钮，如图 5-43 所示。

图 5-43　创建图表示意图

②在弹出的"插入图表"对话框中，选择"折线图"→"带数据标记的折线图"，如图 5-44 所示，然后单击"确定"按钮，得到如图 5-45 所示的效果图。

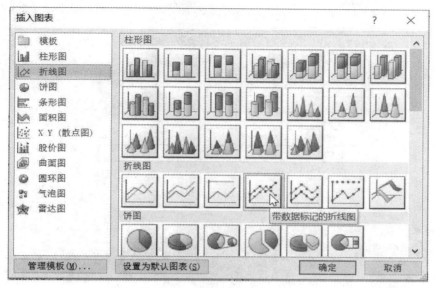

图 5-44　"插入图表"对话框

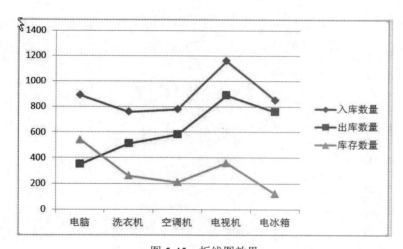

图 5-45　折线图效果

（2）添加图表标题、横坐标轴标题。

①选择如图 5-45 所示的折线图，选择"图表工具"→"布局"→"图表标题"下拉菜单的"图表上方"选项，如图 5-46 所示，在图表上方输入"产品数量变化图"，设置字体为宋体，字号为 16。

②选择如图 5-45 所示的折线图，选择"图表工具"→"布局"→"坐标轴标题"→"主要横坐标轴标题"下拉菜单的"坐标轴下方标题"选项，如图 5-47 所示，在横坐标轴下方输入"产品名称"，设置字体为宋体，字号为 12。效果如图 5-48 所示。

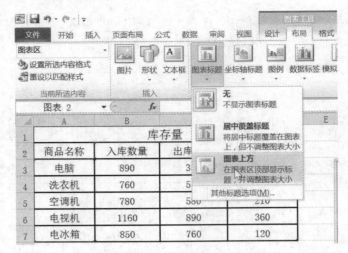

图 5-46　图表标题示意图

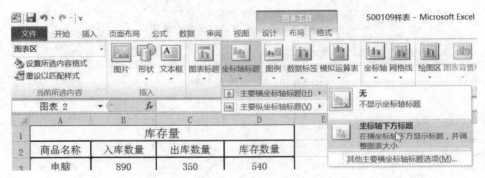

图 5-47　坐标轴标题示意图

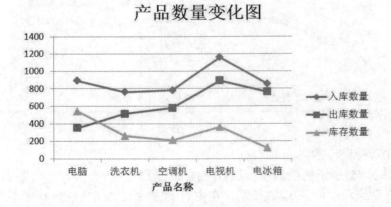

图 5-48　添加标题效果图

（3）设置绘图区填充效果。

选择折线图的绘图区，在"图表工具"→"格式"→"形状填充"的调色板中选择 "橄榄色，强调文字颜色 3，淡色 60%"，如图 5-49 所示，即可得样图所示的最终效果图。

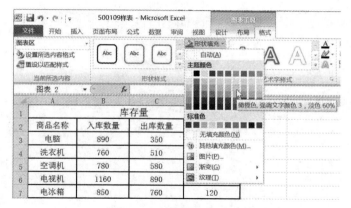

图 5-49　填充效果示意图

实验 4　排序、分类汇总

【实验目的】

1. 掌握 Excel 排序操作。

2. 掌握 Excel 分类汇总操作。

【实验内容】

（1）打开 D:\study\excel 文件夹中的 500110.xlsx 文档，使用"排序"工作表中的数据，以"部门"为主要关键字、"应发工资"为次要关键字降序排列。

（2）使用"分类汇总"工作表中的数据，以"部门"为分类字段，将"基本工资"进行"平均值"的分类汇总。

【样文】

结果参照 D:\study\excel\500110 样表.xlsx。

【实验步骤】

（1）排序。

①打开 500110.xlsx 工作簿，选择"排序"工作表，单击数据区域任意单元格，选择"数据"→"排序与筛选"功能组的"排序"按钮。在"主要关键字"下拉列表中选择"部门"选项，在"次序"下拉列表中选择"降序"选项。

②单机"添加条件"按钮，增加"次要关键字"选项，在"次要关键字"下拉列表中选择"应发工资"选项，在"次序"下拉列表中选择"降序"选项，如图 5-50 所示。

图 5-50　"排序"对话框

③单击"确定"按钮，即可将员工按照部门排序，部门相同则按应发工资进行降序排序，如图 5-51 所示。

	姓名	性别	部门	职务	基本工资	职务津贴	应发工资
				工资表			
3	王文辉	男	销售部	经理	4530	2000	6530
4	金翔	男	销售部	销售员	3281	1000	4281
5	王春晓	女	销售部	销售员	2855	1000	3855
6	扬帆	男	销售部	销售员	2830	1000	3830
7	张雨涵	女	销售部	销售员	2600	1000	3600
8	姚玲	女	客服部	工程师	3545	1500	5045
9	黄开芳	女	客服部	文员	1860	1000	2860
10	张磊	男	开发部	经理	4800	2000	6800
11	陈松	男	开发部	工程师	5200	1500	6700
12	钱民	男	开发部	工程师	4825	1500	6325
13	张在旭	男	开发部	工程师	3800	1500	5300
14	李新	男	办公室	总经理	6820	3000	9820
15	孙英	女	办公室	文员	1250	1000	2250
16	郝心怡	女	办公室	文员	780	1000	1780

排序 自动筛选 高级筛选 分类汇总

图 5-51　排序效果图

（2）分类汇总。

①选择"分类汇总"工作表，单击数据区域任意单元格，选择"数据"→"排序与筛选"功能组的"排序"按钮。在"主要关键字"下拉列表中选择"部门"选项，在"次序"下拉列表中选择"升序"选项。

②单击"确定"按钮，即可将数据按部门升序排序。

③单击"数据"→"分级显示"功能组的"分类汇总"按钮，弹出"分类汇总"对话框，在"分类字段"下拉列表中选择"部门"，"汇总方式"下拉列表中选择"平均值"，"选定汇总项"列表框中勾选"基本工资"复选框，如图 5-52 所示。

图 5-52　"分类汇总"对话框

④单击"确定"按钮，即可得到分类汇总的结果，效果如图 5-53 所示。

⑤单击分类汇总左侧的减号，即可折叠汇总表，如图 5-54 所示。

图 5-53　"分类汇总"效果图

图 5-54　分类汇总折叠效果图

实验 5　数据筛选

【实验目的】

1. 掌握 Excel 自动筛选操作。

2. 掌握 Excel 高级筛选操作。

【实验内容】

（1）打开 D:\study\excel 文件夹中的 500111.xlsx 文档，使用"自动筛选"工作表中的数据，筛选出"部门"为"开发部"，并且"应发工资"大于或等于 6000 的记录。

（2）使用"高级筛选"工作表中的数据，筛选出"职务"为"工程师"，并且"性别"是"男"的记录。条件区域从 I2 开始，结果放在 A19 开头的区域。

【样文】

结果参照 D:\study\excel\500111 样表.xlsx。

【实验步骤】

（1）自动筛选。

①选择"自动筛选"工作表，单击数据区域任意单元格，单击"数据"→"排序与筛选"

功能组的"筛选"按钮。这时在第二行各单元格中出现如图 5-55 所示的下三角按钮。

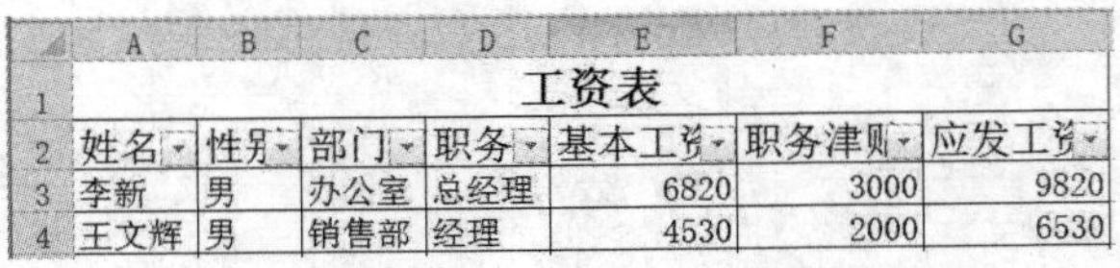

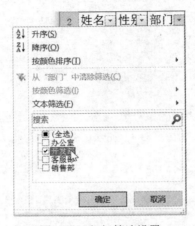

图 5-55　设置筛选后的工作表

②单击"部门"单元格中的下三角按钮，在弹出的下拉列表中勾选"开发部"复选框，如图 5-56 所示。单击"确定"按钮，即可筛选出部门为"开发部"的数据。

图 5-56　部门筛选设置

③单击"应发工资"单元格的下三角按钮，在弹出的下拉列表中选择"数字筛选"→"大于或等于"选项，如图 5-57 所示。

图 5-57　应发工资筛选设置

④在打开的"自定义自动筛选方式"对话框中，设置条件为应发工资大于或等于 6000，如图 5-58 所示。

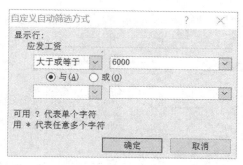

图 5-58　"自定义自动筛选方式"对话框

⑤单击"确定"按钮，即可筛选出"部门"为"开发部"，并且"应发工资"大于或等于
6000 的数据，如图 5-59 所示。

	A	B	C	D	E	F	G
1				工资表			
2	姓名	性别	部门	职务	基本工资	职务津贴	应发工资
11	张磊	男	开发部	经理	4800	2000	6800
13	陈松	男	开发部	工程师	5200	1500	6700
16	钱民	男	开发部	工程师	4825	1500	6325
17							

排序　自动筛选　高级筛选　分类汇总

图 5-59　自动筛选效果图

（2）高级筛选。

①选择"高级筛选"工作表，在 I2 开头的区域建立如图 5-60 所示的条件区域，条件区域
所用数据最好从表格数据复制。

	A	B	C	D	E	F	G	H	I	J
1				工资表						
2	姓名	性别	部门	职务	基本工资	职务津贴	应发工资		职务	性别
3	李新	男	办公室	总经理	6820	3000	9820		工程师	男
4	王文辉	男	销售部	经理	4530	2000	6530			
5	孙英	女	办公室	文员	1250	1000	2250			
6	张在旭	男	开发部	工程师	3800	1500	5300			
7	金翔	男	销售部	销售员	3281	1000	4281			
8	郝心怡	女	办公室	文员	780	1000	1780			
9	扬帆	男	销售部	销售员	2830	1000	3830			
10	黄开芳	女	客服部	文员	1860	1000	2860			
11	张磊	男	开发部	经理	4800	2000	6800			
12	王春晓	女	销售部	销售员	2855	1000	3855			
13	陈松	男	开发部	工程师	5200	1500	6700			
14	姚玲	女	客服部	工程师	3545	1500	5045			
15	张雨涵	女	销售部	销售员	2600	1000	3600			
16	钱民	男	开发部	工程师	4825	1500	6325			

图 5-60　条件区域效果图

②单击数据区域任意单元格，再单击"数据"→"排序与筛选"功能组的"高级"按钮。
在弹出的"高级筛选"对话框中，"方式"选择"将筛选结果复制到其他位置"，"列表区域"
选择 A2:G16 区域，"条件区域"选择 I2:J3 区域，"复制到"选择 A19 单元格。效果如图 5-61
所示。

图 5-61　"高级筛选"对话框

③单击"确定"按钮，即可筛选出"职务"为"工程师"，并且"性别"是"男"的数据，效果如图 5-62 所示。

姓名	性别	部门	职务	基本工资	职务津贴	应发工资		职务	性别
			工资表						
姓名	性别	部门	职务	基本工资	职务津贴	应发工资		职务	性别
李新	男	办公室	总经理	6820	3000	9820		工程师	男
王文辉	男	销售部	经理	4530	2000	6530			
孙英	女	办公室	文员	1250	1000	2250			
张在旭	男	开发部	工程师	3800	1500	5300			
金翔	男	销售部	销售员	3281	1000	4281			
郝心怡	女	办公室	文员	780	1000	1780			
扬帆	男	销售部	销售员	2830	1000	3830			
黄开芳	女	客服部	文员	1860	1000	2860			
张磊	男	开发部	经理	4800	2000	6800			
王春晓	女	销售部	销售员	2855	1000	3855			
陈松	男	开发部	工程师	5200	1500	6700			
姚玲	女	客服部	工程师	3545	1500	5045			
张雨涵	女	销售部	销售员	2600	1000	3600			
钱民	男	开发部	工程师	4825	1500	6325			
姓名	性别	部门	职务	基本工资	职务津贴	应发工资			
张在旭	男	开发部	工程师	3800	1500	5300			
陈松	男	开发部	工程师	5200	1500	6700			
钱民	男	开发部	工程师	4825	1500	6325			

图 5-62　高级筛选效果图

实验 6　数据透视表和合并计算

【实验目的】

1. 掌握数据透视表的建立。

2. 掌握合并计算的操作。

【实验内容】

（1）打开 D:\study\excel 文件夹中的 500112.xlsx 文档，在 Sheet1 工作表中 A15 为左上角的区域制作数据透视表：按不同的职务、性别统计应发工资的情况，其中职务为行标签，性别为列标签，统计项为应发工资。透视表名称改为"职工工资透视表"。

（2）在 Sheet2 工作表中，用合并计算在 F4 开头的区域统计各个职称的平均工资。

【样文】

结果参照 D:\study\excel\500112 样表.xlsx。

【实验步骤】

（1）建立数据透视表。

①打开 500112.xlsx 工作簿，选择 Sheet1 工作表，单击 A15 单元格，再单击"插入"→"表格"功能组的"数据透视表"按钮，弹出"创建数据透视表"对话框，单击"表/区域"框，选中当前工作表的 A2:H12 区域，如图 5-63 所示。

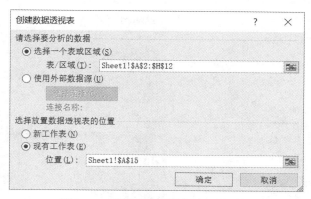

图 5-63　"创建数据透视表"对话框

②单击"确定"按钮，即可创建一个空白的数据透视表，并在窗口的右侧自动显示"数据透视表字段列表"窗格，在此窗格中将"职务"字段拖到"行标签"区域，将"性别"字段拖到"列标签"区域，将"应发工资"字段拖到"数值"区域，左侧数据透视表显示默认求和结果，如图 5-64 所示。

图 5-64　数据透视表字段设置

③单击"数值"区域的"求和项"按钮，在下拉菜单中选择"值字段设置"，如图 5-65 所示，弹出"值字段设置"对话框，在"计算类型"列表框中选择"平均值"，如图 5-66 所示。

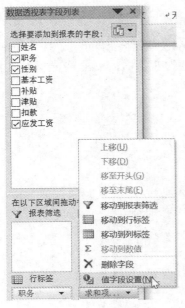

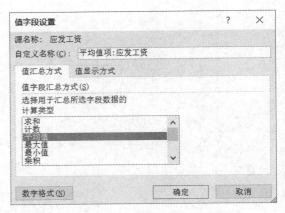

图 5-65　修改字段设置　　　　　　　　　图 5-66　"值字段设置"对话框

④单击"确定"按钮，即可得到数据透视表。

⑤选择"数据透视表工具"→"选项"，将数据透视表名称改为"职工工资透视表"。最终效果如图 5-67 所示。

	工资表						
姓名	职务	性别	基本工资	补贴	津贴	扣款	应发工资
李宜静	科员	女	1450	2580	1766	320	5476
李霭芬	副科长	女	1700	3920	2778	460	7938
郑梅娟	科员	女	1520	2620	1768	280	5628
肖艺峰	副处长	男	1900	4020	2782	600	8102
何翠媚	科员	女	1680	2640	1770	500	5590
范吉斯	副处长	男	1790	3840	2780	400	8010
张方华	科员	男	1470	2600	1758	350	5478
陈移安	科长	男	1700	3760	2778	200	8038
陈田丰	处长	男	2200	4400	4790	300	11090
袁海飞	科长	男	1680	3780	2782	400	7842
平均值项:应发工资	列标签						
行标签	男	女	总计				
处长	11090		11090				
副处长	8056		8056				
副科长		7938	7938				
科员	5478	5564.666667	5543				
科长	7940		7940				
总计	8093.333333	6158	7319.2				

图 5-67　数据透视表效果图

（2）合并计算。

①选择 Sheet2 工作表，单击 F4 单元格，再单击"数据"→"数据工具"功能组的"合并计算"按钮，弹出"合并计算"对话框，如图 5-68 所示。

②在"函数"下拉列表中选择"平均值"。

③单击"引用位置"文本框后面的工作表缩略图标 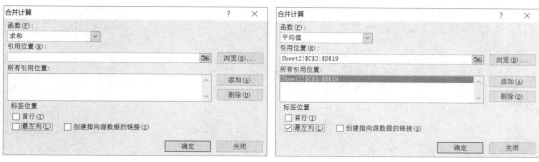 ，选择工作表的 C3:D19 区域，单击工作表缩略图标 返回"合并计算"对话框。

④单击"添加"按钮，将选择的数据添加到"所有引用位置"列表框中。

⑤在"标签位置"中勾选"最左列"复选框，如图 5-69 所示。

图 5-68　"合并计算"对话框　　　　　图 5-69　"合并计算"对话框参数设置示意图

⑥单击"确定"按钮，返回工作表，完成效果如图 5-70 所示。

	A	B	C	D	E	F	G
1			工资表				
2	姓名	性别	职称	工资		职称	平均工资
3	宁婵娟	女	助教	6950		助教	6725
4	江利红	女	讲师	7900		讲师	7508
5	夏小雪	男	副教授	8750		副教授	8510
6	梁远来	男	讲师	7650		教授	9475
7	莫漫它	女	副教授	8850			
8	彭益芳	女	讲师	7350			
9	曾　华	男	助教	6950			
10	曾艳玲	女	副教授	8150			
11	粟　蓓	女	副教授	8450			
12	熊白雷	男	讲师	7650			
13	戴小娟	女	助教	6250			
14	刘小毛	男	讲师	7450			
15	刘忠福	男	副教授	8350			
16	刘新蕾	女	助教	6750			
17	刘纯钦	女	讲师	7050			
18	孙美蓉	女	教授	9450			
19	龚端红	女	教授	9500			

图 5-70　合并计算效果图

实验 7　数据有效性和模拟运算表

【实验目的】

1. 掌握数据有效性的操作。

2. 掌握模拟计算的操作。

【实验内容】

（1）打开 D:\study\excel 文件夹中的 500113.xlsx 文档，在"数据有效性"工作表中，设置"租价"列的 C3:C12 数据有效范围为 2000～6000 之间的整数。如果输入不在此范围，会有样式为"警告"的出错警告，错误信息为"不是介于 2000～6000 之间的整数"，标题为"请重新输入"。

（2）在"模拟运算表"工作表中，用模拟运算求出年限和贷款金额改变时每月的偿还金额。

【样文】

效果参照 500113 样表.xlsx。

【实验步骤】

（1）设置数据有效性。

①打开 D:\study\excel 文件夹中的 500113.xlsx 工作簿，选择"数据有效性"工作表，选中 C3:C12 区域，单击"数据"→"数据工具"功能组→"数据有效性"按钮，弹出"数据有效性"对话框。

②在"数据有效性"对话框的"设置"选项卡中设置"有效性条件"，在"允许"下拉列表中选择"整数"，"数据"下拉列表中选择"介于"，"最小值"文本框中输入 2000，"最大值"文本框中输入 6000，如图 5-71 所示。

③在"数据"对话框的"出错警告"选项卡中进行设置，在"样式"下拉列表中选择"警告"，"标题"文本框中输入"请重新输入"，"错误信息"列表框中输入"不是介于 2000～6000 之间的整数"，如图 5-72 所示。

图 5-71 "设置"选项卡

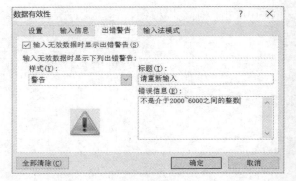

图 5-72 "出错警告"选项卡

④单击"确定"按钮，完成设置。C3:C12 区域只接受 2000～6000 的整数，如果在 C3:C12 任意单元格输入不是 2000～6000 的数据，都会弹出警告的"请重新输入"对话框，如图 5-73 所示。

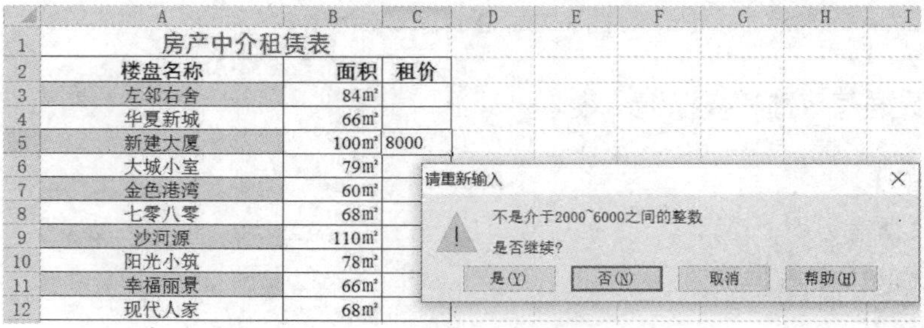

图 5-73 "请重新输入"警告示意图

（2）模拟运算表。

①选择"模拟运算表"工作表，选中 A5:D8 区域，单击"数据"→"数据工具"功能组 →"模拟分析"下拉菜单中"模拟运算表"选项，弹出"模拟运算表"对话框。

②在"模拟运算表"对话框中，单击"输入引入行的单元格："文本框，选中当前工作表 的 B2 单元格（即 A5:D8 区域中行的数据要替换掉的原有贷款金额）。

③单击"输入引入列的单元格："文本框，选中当前工作表的 C2 单元格（即 A5:D8 区域 中列的数据要替换掉的原有贷款年限），如图 5-74 所示。

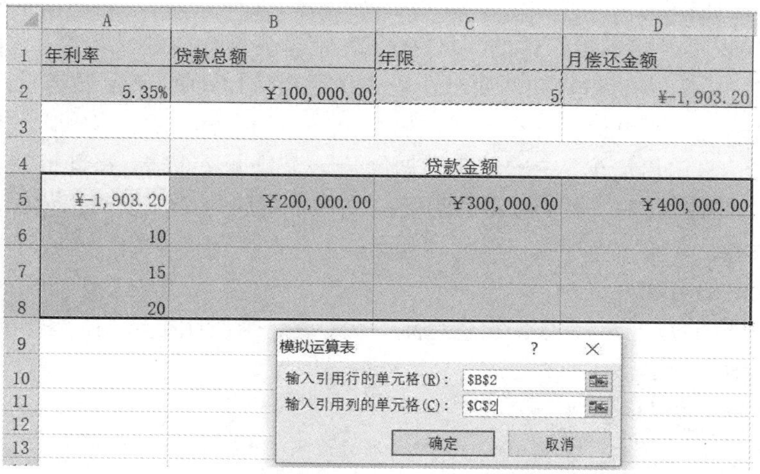

图 5-74　"模拟运算表"示意图

④单击"确定"按钮，即可得到新参数下的贷款金额，如图 5-75 所示。

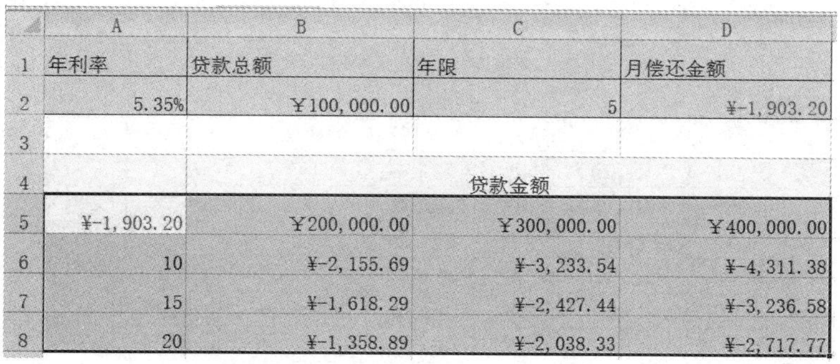

图 5-75　模拟运算效果图

5.3　拓展实训

实训　综合练习 销售情况统计分析表

【实验目的】

提升 Excel 的综合操作能力。

【实验内容】

打开 D:\study\excel 文件夹中的 500114.xlsx 文档，完成以下操作：

（1）将 Sheet1 工作表命名为"销售情况"，将 Sheet2 工作表命名为"平均单价"。

（2）在"店铺"列左侧插入一个空列，输入列标题为"序号"，并以 001、002、003 ⋯⋯的方式向下填充该列到最后一个数据行。

（3）将工作表标题跨列合并后居中并适当调整其字体、加大字号，并改变字体颜色。适当加大数据表行高和列宽，设置对齐方式及"销售额"数据列的数值格式（保留 2 位小数），并为数据区域增加边框线。

（4）将工作表"平均单价"中的区域 B3:C7 定义名称为"商品均价"。运用公式计算工作表"销售情况"中 F 列的销售额，要求在公式中通过 VLOOKUP 函数自动在工作表"平均单价"中查找相关商品的单价，并在公式中引用所定义的名称"商品均价"。

（5）为工作表"销售情况"中的销售数据创建一个数据透视表，将其放置在一个名为"数据透视分析"的新工作表中，要求针对各类商品比较各门店每个季度的销售额。其中，商品名称为报表筛选字段，店铺为行标签，季度为列标签，并对销售额求和。最后对数据透视表进行格式设置，使其更加美观。

（6）根据生成的数据透视表，在透视表下方创建一个簇状柱形图，图表中仅对各门店四个季度笔记本的销售额进行比较。

（7）保存文件 500114.xlsx。

【样文】

效果参照 500114 样表.xlsx，效果图如图 5-76、图 5-77、图 5-78 所示。

图 5-76　销售情况表

图 5-77 平均单价表

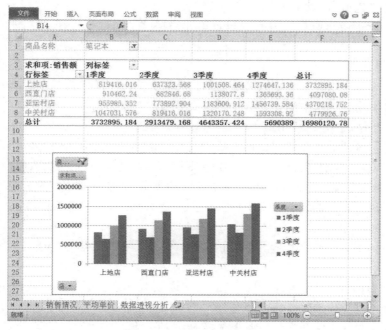

图 5-78 数据透视分析表

【实验步骤】

（1）微步骤。

①打开 500114.xlsx Excel 工作簿文档。

②在 Sheet1 标签处单击右键，在弹出的菜单中选择"重命名"命令，然后在标签处输入新的工作表名"销售情况"。在 Sheet2 标签处单击右键，在弹出的菜单中选择"重命名"命令，然后在标签处输入新的工作表名"平均单价"。

（2）微步骤。

①在 A 列上单击，选中整列，然后单击右键，在弹出的菜单中选择"插入"命令，这样就在"店铺"列左侧插入一个空列。

②在 A3 单元格输入列标题"序号"。

③选择 A4:A83 单元格，然后单击"开始"选项卡→"字体"组的对话框启动器按钮，打

开"设置单元格格式"对话框，在"数字"选项卡的"分类"中选择"文本"。

④在 A4 单元格输入 001，在 A5 单元格输入 002。

⑤选择 A4、A5 两个单元格，向下拖动填充句柄，自动填充 A6:A83 单元格的数据。

（3）微步骤。

①选择 A1:F1，单击"开始"菜单，找到"对齐方式"功能组，单击"合并后居中"按钮。选择标题文字，在"字体"功能组设置合适的字体、字号和颜色（具体字体、字号、颜色按需自定义）。

②选择所有行，单击鼠标右键，设置适当行高；选择所有列，单击鼠标右键，设置适当列宽；选择表格所有数据，设置居中对齐。

③选择"销售额"数据列，单击鼠标右键，选择"设置单元格格式"选项，在对话框中选择"数字"→"数值"，设定小数位数为 2 位。

④选择工作表中所有数据，打开"设置单元格格式"对话框，在"边框"选项卡中设置合适的边框线。

（4）微步骤。

①选择工作表"平均单价"中的区域 B3:C7，单击鼠标右键，在下拉菜单中选择"定义名称"选项，在弹出的对话框中的"名称"文本框中输入"商品均价"，然后单击"确定"按钮。

②选中"销售情况"工作表的 F4 单元格，然后单击"公式"选项卡→"插入函数"按钮，打开"插入函数"对话框，在该对话框中找到并打开函数 VLOOKUP()。在"函数参数"对话框中进行参数设置，完成后的结果是"=VLOOKUP(D4,商品均价,2,FALSE)"，然后在 F4 编辑栏中函数后面输入*E4，然后按 Enter 键即可得到运算结果。F4 单元格的最终公式为"=VLOOKUP(D4,商品均价,2,FALSE)*E4"。注意：所有输入不包含双引号，只输入双引号里面的内容。

③单击 F4 单元格，对准其右下角填充句柄，双击即可填充得到 F5:F83 区域的运算结果。

（5）微步骤。

①选择"销售情况"工作表，单击"插入"选项卡→"表格"→"数据透视表"按钮，弹出"创建数据透视表"对话框。

②在"请选择要分析的数据"区域中选择 B3:F83 区域；在"选择放置数据透视表的位置"区域中选择"新工作表"，单击"确定"按钮。

③此时系统会创建一张新的工作表，将新工作表改名为"数据透视分析"。

④在"数据透视表字段列表"窗格中，拖动字段"商品名称"到"报表筛选"区域，拖动"店铺"到"行标签"区域，拖动"季度"到"列标签"区域，拖动"销售额"到"数值"区域，即可得到数据透视表结果。

⑤在数据透视表中，选中相应的数据，设置合适的单元格格式（具体效果自定）。

（6）微步骤。

①在"数据透视表"中筛选商品名称为"笔记本"的数据。

②选择筛选出的数据，然后单击"插入"选项卡→"图表"组→"柱形图"→"簇状柱形图"，这样就插入了一个图。

（7）微步骤。

单击"保存"按钮，保存 500114.xlsx 工作簿。

第6章 PowerPoint 演示文稿实验

本章以微软公司的 Office 办公软件套装中的 PowerPoint 2010 软件为例，介绍演示文稿的基本操作，以及对演示文稿进行各种常见处理的方法。

6.1 基本操作

基本操作1 使用样本模板建立演示文稿

【实验目的】

1. 掌握 PowerPoint 2010 的启动和退出操作，熟悉 PowerPoint 工作界面。
2. 掌握通过样本模板新建演示文稿的方法。
3. 掌握演示文稿的保存操作。

【实验内容】

使用 PowerPoint 2010 主页中的"样本模板"创建一个项目状态报告，将文档保存在 D:\study\ppt 路径下，文档名为 600101.pptx。

【实验步骤】

（1）建立文档。

单击"开始"按钮，打开 Windows 的"开始"菜单，选择"所有程序"，从展开的菜单中选择 Microsoft Office 程序组的 Microsoft PowerPoint 2010（也可双击桌面上的 PowerPoint 2010 图标），打开 PowerPoint 2010，进入 PowerPoint 编辑界面，如图 6-1 所示。

图 6-1　通过"开始"菜单的"所有程序"打开 PowerPoint 2010 软件

（2）选择模板。

①打开 PowerPoint 2010 软件后，选择"文件"菜单中的"新建"命令，在标题为"可用模板和主题"的中间窗格的上部，选定"主页"区域中的"样本模板"。

②拖动其右侧的垂直滚动条，找到"项目状态报告"模板并选中，然后单击窗口右方的"创建"按钮，即可创建该模板的文档，如图 6-2 所示。

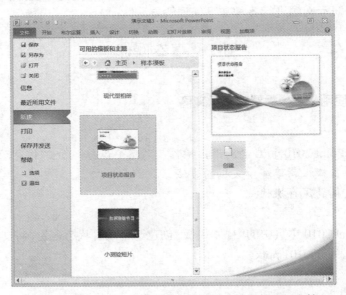

图 6-2　在 PowerPoint 2010 中使用样本模板创建新文档

（3）保存文档。

单击 PowerPoint 2010 标题栏中的"保存"图标🖫，或者打开"文件"菜单，选择"另存为"菜单项，打开"另存为"对话框，选定路径 D:\study\ppt，在其中下方"文件名"文本框中输入文件名 600101，然后单击"保存"按钮，如图 6-3 所示。

图 6-3　在 PowerPoint 2010 中保存新文档

注意：文件名也可输入为 600101.pptx，但千万不要写成 600101。pptx。

基本操作 2　幻灯片的基本操作

【实验目的】

1. 掌握新建空白演示文稿的方法。

2. 掌握幻灯片的编辑操作。

【实验内容】

使用 PowerPoint 2010 新建一个空白演示文稿，为此演示文稿新增幻灯片，并进行修改幻灯片版式、复制与删除幻灯片等操作。

【实验步骤】

（1）新建空白演示文稿。

打开 PowerPoint 2010 编辑界面，单击"文件"菜单中的"新建"命令，在标题为"可用模板和主题"的中间窗格的上部，双击"主页"区域中的"空白演示文稿"，创建新的空白演示文稿。

（2）新增幻灯片并为幻灯片添加内容。

①空白演示文稿的第一张幻灯片为标题幻灯片，为其添加标题"办公自动化基础"和副标题"Office 2010 操作教程"，如图 6-4 所示。

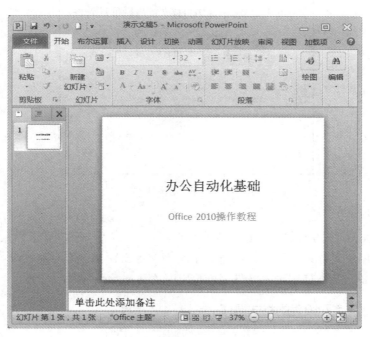

图 6-4　为幻灯片添加内容

②单击"开始"→"幻灯片"功能组的 上半部分图标，新建一张版式为"标题和内容"的幻灯片；单击 下半部分文字，在出现的版式选择界面中单击"两栏内容"版式，新建第三张幻灯片，如图 6-5 所示。分别为第二张和第三张幻灯片添加如图 6-6 和图 6-7 所示的内容。

图 6-5　新建不同版式的幻灯片

图 6-6　第二张幻灯片

图 6-7　第三张幻灯片

（3）保存文档。

单击 PowerPoint 2010 标题栏中的"保存"图标 🖫，或者打开"文件"菜单，选择"另存为"菜单项，弹出"另存为"对话框，在其中左侧的导航窗格中选定路径 D:\study\ppt，在对话框下方"文件名"文本框中输入文件名 600201，然后单击"保存"按钮。

基本操作 3　文字和段落的格式操作

【实验目的】
掌握对文本和段落的格式化操作。

【实验内容】
打开 600301.pptx，修改第二张幻灯片中的文字和段落效果。具体要求如下：

（1）标题文本：字体为华文隶书；大小为 50；添加文字阴影效果；加下划线，下划线类型为粗线。

（2）项目清单：字体为华文细黑；大小为 32；2 倍行距；项目符号为字体 Windings，字符代码为 38。

【实验步骤】

（1）在 PowerPoint 2010 中，依次单击"文件"菜单、"打开"命令，进入 D:\study\ppt 文件夹，双击 600301.pptx，打开文件。

（2）修改文字和段落格式。

①进入第二张幻灯片，选择标题占位符，在"开始"→"字体"功能组，依次单击字体、字号、文字阴影、下划线，按要求进行修改。

②选择内容占位符，修改字体和字号；在"段落"功能组，将行距选为 2.0。

③单击"项目符号"命令右侧的下三角按钮，打开项目符号列表，如图 6-8 所示，单击底部的"项目符号和编号"，然后选择"自定义"，在出现的"符号"对话框中设置字体为 Windings，字符代码为 38，如图 6-9 所示，单击"确定"按钮。

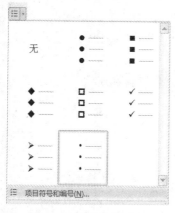

图 6-8　项目符号列表

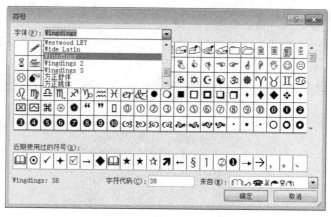

图 6-9　"符号"对话框

（3）保存文档。

依次单击"文件"菜单、"另存为"命令，将文件保存到 D:\study\ppt 文件夹，文件名为 600302.pptx，打开文件，文档的最终效果如图 6-10 所示。

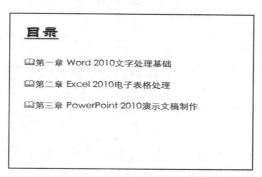

图 6-10　文字和段落格式设置效果

基本操作 4　幻灯片美化操作

【实验目的】

1. 掌握修改幻灯片主题的操作。

2. 掌握修改幻灯片背景的操作。

【实验内容】

打开 600401.pptx 文件，为演示文稿设置"龙腾四海"主题，修改第三张幻灯片的背景，使其背景的纹理为蓝色面巾纸。

【实验步骤】

（1）用 PowerPoint 2010 打开 600401.pptx，在"设计"选项卡的"主题"功能组选择内置的"龙腾四海"主题。

注意： 此时第一张和第三张幻灯片的文字字体为"龙腾四海"类型，但第二张幻灯片的字体效果不变。

（2）选择第三张幻灯片，单击"背景"功能组右下角的"更多"按钮，在出现的"设置背景格式"对话框中，选择"图片或纹理填充"，并单击"纹理"右侧的下三角按钮，如图 6-11 所示，在随后出现的列表中选择"蓝色面巾纸"，单击下方的"关闭"按钮。

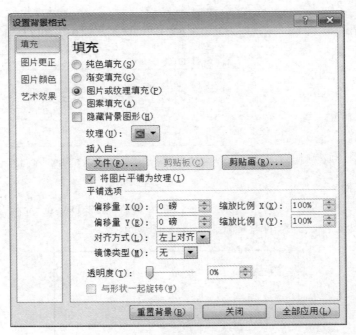

图 6-11　"设置背景格式"对话框

（3）保存文档。

依次单击"文件"菜单，"另存为"命令，将文件保存到 D:\study\ppt 文件夹，文件名为 600402.pptx，最终效果如图 6-12 所示。

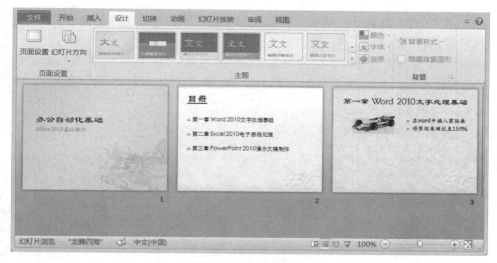

图 6-12　设置完主题和背景后的效果

基本操作 5　将演示文稿打包成 CD

【实验目的】

掌握演示文稿打包的方法。

【实验内容】

将演示文稿打包成 CD。

【实验步骤】

（1）启动 PowerPoint 2010，打开 D:\study\ppt 文件夹下的文件 600501.pptx。

（2）打开"文件"菜单，依次单击"保存并发送"→"将演示文稿打包成 CD"→"打包成 CD"，如图 6-13 所示。

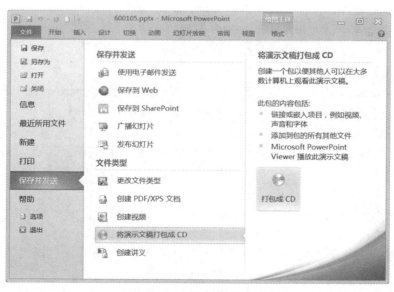

图 6-13　将演示文稿打包成 CD

（3）打包成 CD 是将一组演示文稿以及相关的字体和链接文件等内容复制到文件夹或 CD。这里我们选择复制到文件夹。

（4）把需要复制的文件添加进来后，单击"打包成 CD"对话框中的"复制到文件夹"按钮，在随后出现的"复制到文件夹"对话框中设置"文件夹名称"和"位置"，如图 6-14 所示。

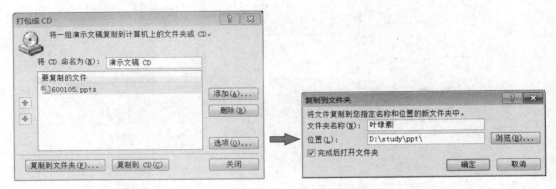

图 6-14　打包成 CD 的设置界面

注意：在"打包成 CD"对话框中单击"选项"按钮可以包含链接文件和 TrueType 字体。

6.2　实验案例

实验 1　在幻灯片中插入各种对象

【实验目的】

1. 掌握在幻灯片中插入和处理表格的方法。
2. 掌握在幻灯片中插入和处理图表的方法。
3. 掌握在幻灯片中插入和处理 SmartArt 图形的方法。
4. 掌握在幻灯片中插入和处理媒体剪辑的方法。

【实验内容】

新建一个空白演示文稿，依次往幻灯片中添加表格、图表、SmartArt 图形和媒体剪辑等对象，并做适当编辑。将文件保存到 D:\study\ppt，命名为 601101.pptx。

【实验步骤】

（1）打开 PowerPoint 2010，新建一个空白演示文稿，将其保存到 D:\study\ppt 文件夹，命名为 601101.pptx。

（2）插入表格。

①将第一张幻灯片的版式改为"标题和内容"。在标题占位符中输入文字：表格。在内容占位符中单击"插入表格"图标，插入一个 5 列 5 行的表格。

②在"表格工具"的"设计"选项卡中，为表格设置样式为：浅色样式 3。在"布局"选项卡的"表格尺寸"功能组，修改表格高度为 12 厘米。

③单击表格外框选中整个表格，在"对齐方式"功能区选择"居中"和"垂直居中"。为

表格添加文字，内容如图 6-15 所示。

表格

姓名	年龄	性别	院系	爱好
张三	18	男	中文	动漫
李四	18	女	历史	旅行
王五	20	男	体育	看书
赵六	18	女	英语	游泳

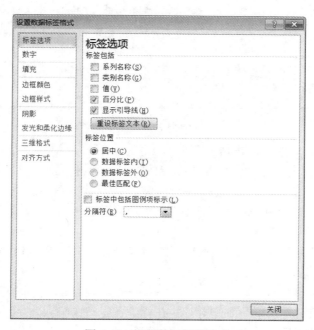

图 6-15　表格效果

（3）插入图表。

①按 Ctrl+M 组合键新增一张幻灯片，在标题占位符中输入文字：图表。在内容占位符中单击“插入图表”图标，插入一个“分离型三维饼图”。关闭 Excel 界面，将图表标题改为：2017 年销售额统计。

②进入“图表工具”的“布局”选项卡，在“标签”功能组中依次单击“数据标签”→“其他数据标签选项”，设置标签选项为百分比，标签位置为居中，如图 6-16 所示。单击“关闭”按钮。在“标签”功能组中依次单击“图例”→“在底部显示图例”，图表最终效果如图 6-17 所示。

图 6-16　设置数据标签格式

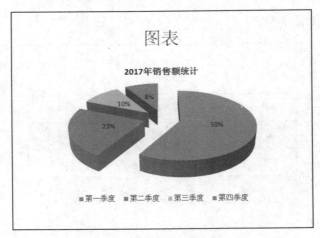

图 6-17　图表最终效果

（4）插入 SmartArt 图形。

①按 Ctrl+M 新增一张幻灯片，在标题占位符中输入文字：SmartArt 图形。在内容占位符中单击"插入 SmartArt 图形"图标，在出现的"选择 SmartArt 图形"对话框左侧选择"层次结构"，在中间出现的图形中选择第一种"组织结构图"，单击"确定"按钮。

②选中组织结构图第二层的文本边框，按 BackSpace 键将其删除。

③在剩下的组织结构图中选中第二层中间的文本边框，然后在"设计"选项卡最左侧的"创建图形"功能组，单击"添加形状"命令右侧的三角形图标，在随后出现的列表中选择"在下方添加形状"，如图 6-18 所示。

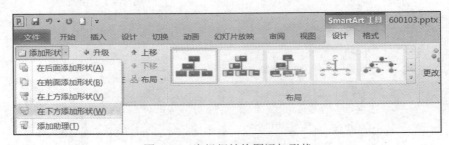

图 6-18　为组织结构图添加形状

④重复第③步的步骤两次，再增加两个形状。

⑤选中第二层中间的文本边框，在"创建图形"功能区单击"布局"命令，在随后出现的列表中选择"标准"

⑥选中整个图形，依次单击"更改颜色"→"彩色填充—强调文字颜色 1"；在 SmartArt 样式中依次单击"三维"→"嵌入"。

⑦为组织结构图添加文字，切换到"开始"选项卡，将所有文字的字号大小设置为 32。最终效果如图 6-19 所示。

（5）插入媒体剪辑。

①按下 Ctrl+M 组合键新增一张幻灯片，在标题占位符中输入文字：媒体剪辑。在内容占位符中单击"插入媒体剪辑"图标，在"插入视频文件"对话框中，进入 D:\study\ppt 文件夹

中找到 601102.swf 文件，将其插入到幻灯片中。

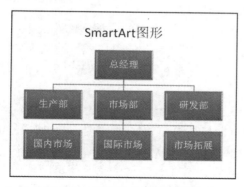

图 6-19　组织结构图最终效果

②设置视频文件的大小和位置。在"视频工具"的"格式"选项卡最右侧的"大小"功能组，单击右下角的"更多"按钮，在随后出现的"设置视频格式"对话框中，将"缩放比例"下的"高度"改为 300%，单击"关闭"按钮。单击"排列"功能组的"对齐"命令，在出现的列表中选择"左右居中"；重复上述步骤，选择"底端对齐"。

③单击"格式"选项最左侧的"播放"命令可预览视频效果。插入媒体剪辑的最终效果如图 6-20 所示。

图 6-20　媒体剪辑的最终效果

④按 Ctrl+S 组合键保存文档。

实验 2　母版的编辑

【实验目的】

掌握幻灯片母版的编辑。

【实验内容】

通过母版统一修改幻灯片效果。

【实验步骤】

（1）打开素材文件夹中的文件"601101-样张.pptx"，依次单击"文件"→"另存为"，将文件另存为 601102.pptx。

（2）单击"视图"选项卡"母版视图"功能组中的"幻灯片母版"命令，进入到幻灯片母版视图。母版视图的左侧有不同的版式选择，除了最上面的版式以外，在其他版式里进行的修改只会影响使用这一种版式的幻灯片。

（3）选择"标题和内容"版式，在右侧的区域中修改效果。

①选中标题占位符，进入"绘图工具"的"格式"选项卡。单击"形状样式"功能组的"形状填充"命令，在列表中选择标准色—黄色；单击"形状轮廓"命令，在列表中选择"粗细"→"3 磅"。

②单击"插入"选项，在"文本"功能区中单击"幻灯片编号"命令，在随后出现的"页眉和页脚"对话框中选中"日期与时间""幻灯片编号""页脚"复选框，其中日期与时间设置为"自动更新"，页脚内容为：插入各种对象。单击"应用"按钮。

③单击"幻灯片母版"选项，单击最右边的"关闭母版视图"命令，回到正常界面。可以发现，刚才做的修改在每张幻灯片里都能看见。修改后的最终效果如图 6-21 所示。

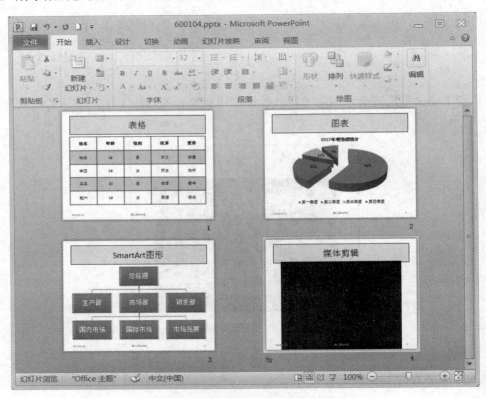

图 6-21 通过母版统一修改幻灯片效果

实验 3 幻灯片切换和动画效果

【实验目的】

1. 掌握幻灯片切换和动画的设置与使用。

2. 掌握对象动画的设置与使用。

【实验内容】

（1）为幻灯片设置切换效果并设置效果细节。

（2）为幻灯片中的对象设置动画并设置效果细节。

【实验步骤】

（1）打开 D:\study\ppt 文件夹下的 600501.pptx 文件，并选择第一张幻灯片。

（2）设置幻灯片切换效果。

①打开"切换"选项，如图 6-22 所示。单击"切换到此幻灯片"功能区右侧的下拉列表按钮，在出现的列表中选择一种切换方式，如"形状"。

图 6-22　"切换"选项卡

②在单击某一种切换方式时，用户可以预览具体的效果，如果不满意，可单击其他的切换方式，当前幻灯片会立即应用此种方式。如果想把该方式应用到所有幻灯片，可以单击"全部应用"命令。

③修改效果细节。单击"效果选项"命令，选择"菱形"；单击"声音"列表选择"风声"；单击"持续时间"旁的微调按钮，将时间修改为 2 秒。

（3）设置动画效果。

①打开"动画"选项卡，选定第一张幻灯片的标题占位符，单击"高级动画"功能组中的"动画窗格"命令，打开动画窗格，如图 6-23 所示。

图 6-23　"动画窗格"效果

②单击"高级动画"功能组中的"添加动画"按钮，弹出"添加动画"列表框。单击下方的"更多进入效果"命令，打开如图 6-24 所示的对话框。在"基本型"中选择效果为"劈裂"。

③单击"动画"功能组中的"效果选项"按钮，在随后出现的列表中选择"中央向上下展开"，如图 6-25 所示。

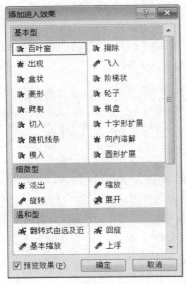

图 6-24　更多进入效果

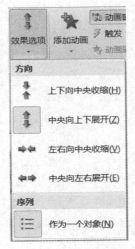

图 6-25　效果选项

④单击"计时"功能组中的"开始"列表框，选择"上一动画之后"，让动画自动开始播放；在"持续时间"框中输入时间"02.00"，让动画持续时间延长。

⑤依次对第一张幻灯片中的副标题和图片设置如下动画效果：

● 副标题：浮入，上一动画同时，持续时间为 02.00。
● 图片：向内溶解，上一动画之后，持续时间为 02.50。

⑥为幻灯片添加完动画后，单击"计时"功能组的"向前移动"和"向后移动"按钮可调整动画顺序，单击"动画窗格"的"播放"按钮可查看动画效果。

注意：除了设置动画的进入效果外，用户还可以设置强调、退出和动作路径等效果，其他效果的设置方法与此类似。

实验 4　设置超链接和动作

【实验目的】

1. 掌握在幻灯片中建立超级链接的方法。
2. 掌握为对象设置动作的方法。

【实验内容】

通过超链接和动作实现幻灯片之间的跳转。

【实验步骤】

（1）启动 PowerPoint 2010，打开 D:\study\ppt 文件夹下的文件 600105.pptx，并选择第三张幻灯片，如图 6-26 所示。

（2）通过超链接实现幻灯片之间的跳转。

①选中标题占位符中的"叶绿素"三个字。打开"插入"选项卡，单击"链接"功能组

中的"超链接"命令，此时弹出"编辑超链接"对话框。

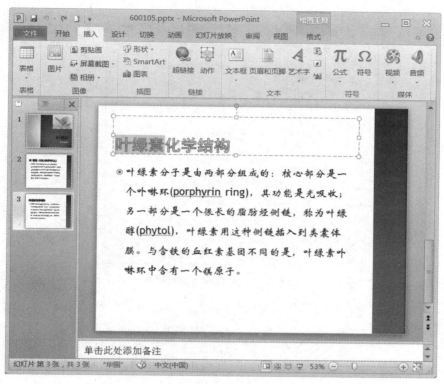

图 6-26　演示文稿 600105.pptx 的第三张幻灯片

②在"链接到"栏处单击"本文档中的位置"，然后在"请选择文档中的位置"列表框中选择"第一张幻灯片"，如图 6-27 所示。

图 6-27　"编辑超链接"对话框

③单击"确定"按钮，超链接设置完毕。幻灯片在放映时，可单击超链接处，实现幻灯片之间的快速跳转。

（3）通过动作设置实现幻灯片之间的跳转。

①选择第三张幻灯片。

②打开"插入"选项卡，选择内容占位符中文本的前三个字"叶绿素"，然后单击"链接"功能组中的"动作"。系统弹出"动作设置"对话框，如图 6-28 所示。

图 6-28　"动作设置"对话框

③在"动作设置"对话框中，有两种动作设置：单击鼠标和鼠标移过。此处我们仅对单击鼠标设置动作。

④在"单击鼠标时的动作"下方选择"超链接到"，然后在下方的下拉列表框中选择"幻灯片…"选项，在随后出现的"超链接到幻灯片"对话框中选择第二张幻灯片，如图 6-29 所示。

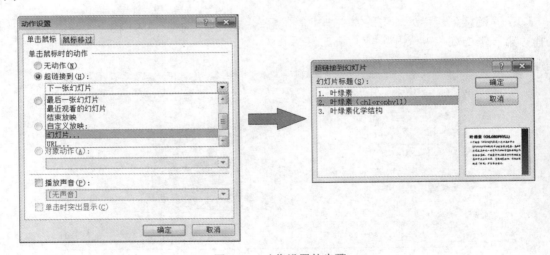

图 6-29　动作设置的步骤

⑤单击两次"确定"按钮后，动作设置完成，按 Shift+F5 组合键放映当前幻灯片，在放映状态下，单击"叶绿素"可以快速地跳转到第二张幻灯片。

注意：相比超链接，动作设置还可以添加声音，效果更丰富。

6.3　拓展实训

实训　自我介绍演示文稿

【实验目的】

1. 熟练掌握建立演示文稿的方法。
2. 熟练掌握幻灯片的编辑操作。
3. 掌握美化演示文稿的方法。
4. 掌握幻灯片的动画设计方法。
5. 掌握放映演示文稿的方法。

【实验内容】

制作一个自我介绍的演示文稿。

【实验步骤】

（1）建立文档。

打开 PowerPoint 2010，依次单击"文件"→"新建"→"主题"，在主题列表中选择"时装设计"，单击"创建"按钮。

（2）添加演示文稿第 1 页的内容，如图 6-30 所示。要求如下：

①采用"标题幻灯片"版式。

图 6-30　演示文稿第 1 页

②标题为"自我介绍"，字体为"仿宋"，66 磅；副标题为本人姓名，文字居中对齐，字体为"黑体"，28 磅，加粗。

（3）添加演示文稿第 2 页内容，如图 6-31 所示。要求如下：

①采用"标题和内容"版式。

图 6-31　演示文稿的第 2 页

②标题为"基本情况"；内容处为一些个人信息；照片可任选，适当调整照片的大小和位置。

（4）添加演示文稿第 3 页内容，如图 6-32 所示。要求如下：

①采用"标题和内容"版式。

②标题为"学习经历"；内容为一个 4 行 3 列的表格，表格样式选择"无样式，网格型"，适当拉大表格行高，将表格的外边框设置为 1.5 磅粗细。

③表格中的文字如图 6-32 所示，将表格中的第一行文字加粗，并对所有文字设置中部居中对齐效果。

图 6-32　演示文稿第 3 页

（5）在演示文稿第 2 页前插入一张幻灯片，其内容如图 6-33 所示。基本要求如下：

图 6-33　演示文稿第 3 页

①采用"空白"版式。

②插入艺术字并设置艺术字效果。

- 采用"艺术字"库中第 5 行第 3 列的样式，艺术字内容为"初次见面，请多关照"。
- 为艺术字设置"文本填充"效果。单击"艺术字样式"功能组"文本填充"命令，在随后出现的列表中依次选择"渐变"→"其他渐变"，然后在打开的"设置文本效果格式"对话框中选中"渐变填充"单选按钮，在"预设颜色"下拉列表中选择"漫漫黄沙"，如图 6-34 所示，单击"关闭"按钮。

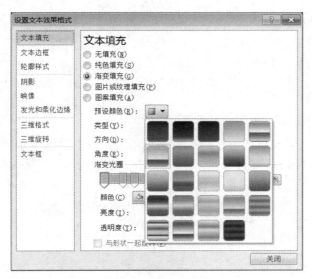

图 6-34　设置文本颜色

- 为艺术字设置弯曲效果。单击"文本效果"，指向"转换"，在出现的列表中选择"倒三角"。
- 最后将艺术字移至幻灯片上方适当的位置。

③插入形状并设置形状效果。

- 在"插入"选项卡下依次单击"形状"→"矩形"，在幻灯片中间绘制一个矩形。
- 在"绘图工具"的"格式"选项卡中修改矩形的大小：高 2.2 厘米，宽 6 厘米；在"形状效果"列表中选择"预设"→"预设 2"。
- 在矩形上右击，选择菜单中的"编辑文字"，输入文字"基本情况"，并修改文字大小为 28，加粗。
- 选中矩形，按 Ctrl+D 组合键复制一份，将复制后的文字内容改为"学习经历"，并将两个矩形移到适当的位置。
- 为两个矩形设置超链接，分别链接到第 3 张和第 4 张幻灯片。

（6）插入声音，当幻灯片播放时自动播放声音。进入第 1 张幻灯片，插入 D:\study\ppt 文件夹下的声音文件 602101.MP3。进入"音频工具"的"播放"选项卡，设置"开始"为"跨幻灯片播放"，并勾选"放映时隐藏"复选框，如图 6-35 所示。

图 6-35　声音设置界面

（7）为演示文稿每一页添加日期、页脚和幻灯片编号。

①进入"插入"选项，单击"页眉和页脚"命令，打开"页眉和页脚"对话框并进行设置，其中日期设置为自动更新，页脚设置为"李丽的自我介绍"。

②设置日期、页脚和幻灯片编号的大小为 18 磅。进入"视图"选项卡，单击"幻灯片母版"命令进入幻灯片母版编辑状态；在左侧的版式列表中选择最上面的版式，在右侧的幻灯片区按住 Ctrl 键依次单击日期、页脚和幻灯片编号，然后进入"开始"选项卡将字体大小改为 18 磅。关闭幻灯片母版，此时所有幻灯片的日期、页脚和幻灯片编号大小都为 18 磅。

（8）分别为每张幻灯片添加不同的切换效果，效果自选，为所有幻灯片设置自动换片时间为 6 秒。

（9）为第 2 张幻灯片设置动画效果。

①选择艺术字，为其设置"波浪形"的强调效果。打开"波浪形"对话框，设置"动画文本"为"按字/词"，"开始"为"上一动画之后"，"期间"为"非常快（0.5 秒）"，重复 3 次，如图 6-36 和图 6-37 所示。

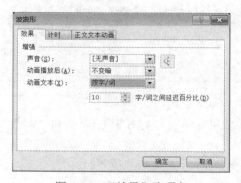

图 6-36　"效果"选项卡

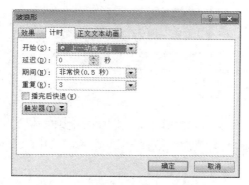

图 6-37　"计时"选项卡

②同时选择两个矩形，为其设置"浮入"的进入效果，"开始"为"与上一动画同时"。

（10）根据自己的喜好继续完善演示文稿。

（11）进入"幻灯片放映"选项卡，将幻灯片放映方式分别设置为"演讲者放映""观众自行浏览""在展台放映"，观察放映效果。

（12）将演示文稿以"自我介绍.pptx"为名保存到 D:\study\ppt 文件夹。

参考文献

[1] 铁新城，林荣新．大学计算机基础．北京：中国水利水电出版社，2018．

[2] 张小梅．大学计算机基础实践教程（Windows 7+Office 2010）．北京：科学技术文献出版社，2015．

[3] 何鹍，刘妍．大学计算机基础实验指导．北京：中国水利水电出版社，2015．

[4] 蒋加伏，沈岳．大学计算机实践教程．4 版．北京：北京邮电大学出版社，2013．

[5] 王继鹏，朱思斯．大学计算机应用基础实验指导．2 版．北京：电子工业出版社，2014．

[6] 姜玉蕾，刘新昱．大学信息技术基础实践教程．南京：南京大学出版社，2015．

[7] 杨怀卿．大学计算机实验基础．北京：中国铁道出版社，2014．

[8] 贾小军，童小素．办公软件高级应用与案例精选（Office 2010）．北京：中国铁道出版社，2013．

[9] 张宇，张春芳．计算机基础与应用实验指导．2 版．北京：中国水利水电出版社，2014．

[10] 吕鑫，侯殿有．计算机文化基础（第二版）实验指导．北京：清华大学出版社，2015．

[11] 张锡华，詹文英．办公软件高级应用案例教程．北京：中国铁道出版社，2012．

[12] 陈守满，王克刚．大学计算机基础实践教程．北京：科学出版社，2016．

[13] 肖杨，李伟．计算机应用基础项目化教程．北京：北京理工大学出版社，2015．

[14] 魏海平，高东日，高东超，等．计算机基础实验指导教程．北京：化学工业出版社，2016．

[15] 赵冬梅，张磊，师胜利．大学计算机基础实验教程．2 版．北京：科学出版社，2015．

[16] 张英宣，高东日，高东超，等．计算机基础应用教程．北京：化学工业出版社，2016．

[17] 李嫦，丘金平．计算机一级考证实训教程（Windows 7+MS Office 2010）．北京：电子工业出版社，2014．

[18] 罗新密．Excel 基础与应用．北京：高等教育出版社，2010．

[19] 詹国华．大学计算机应用基础实验教程．3 版．北京：清华大学出版社，2012．